Linux 操作系统应用项目化教程

主　编　普　星　安　波　杨正校
副主编　刘　静　刘　坤　沈　啸　俞国红
汪小霞　徐　辉　郭　鹏

北京理工大学出版社
BEIJING INSTITUTE OF TECHNOLOGY PRESS

内容简介

本书是2014年江苏省高等职业教育衔接课程体系建设主项课题《基于校企共建专业的中高职衔接的研究与实践》的研究成果。以学生能够完成中小企业建网、管网的任务为出发点，以工作过程为导向，注重工程实训和应用。

本书以目前市场占有率较广的Red Hat公司Red Hat Enterprise Linux 6.4为平台，对Linux的网络服务进行了详细讲解。全书根据网络工程实际工作过程所需要的知识和技能抽象出14个教学项目。教学项目包括：安装Red Hat Enterprise Linux、Red Hat Enterprise Linux文件和磁盘管理、配置Linux基础网络、远程登录管理、架设FTP服务器、架设DHCP服务器、架设DNS服务器、架设Web服务器、架设E-mail服务器、架设MySQL数据库服务器、防火墙配置与代理服务器架设、架设VPN服务器、架设Samba服务器、Linux服务器的故障诊断和排除。每个项目后都有实训，实训从操作和思考练习两大部分对所学、所做的内容进行归纳和训练，起到了举一反三的作用。在学习过程中着重培养了学生独立思考问题和主动解决问题的能力及团队合作精神的培养。

本书讲解翔实，通俗易懂。可作为高职院校计算机应用专业和网络技术专业理论与实践一体化教材，也可作为Linux系统管理和网络管理人员的自学指导书。

图书在版编目（CIP）数据

Linux操作系统应用项目化教程 / 普星，安波，杨正校主编．—北京：北京理工大学出版社，2015.8（2021.9重印）

ISBN 978-7-5682-0811-6

Ⅰ．①L…　Ⅱ．①普…②安…③杨…　Ⅲ．①Linux操作系统-高等学校-教材
Ⅳ．①TP316.89

中国版本图书馆CIP数据核字（2015）第128952号

出版发行 / 北京理工大学出版社有限责任公司
社　　址 / 北京市海淀区中关村南大街5号
邮　　编 / 100081
电　　话 /（010）68914775（总编室）
（010）82562903（教材售后服务热线）
（010）68944723（其他图书服务热线）
网　　址 / http://www.bitpress.com.cn
经　　销 / 全国各地新华书店
印　　刷 / 三河市华骏印务包装有限公司
开　　本 / 787毫米×1092毫米　1/16
印　　张 / 13.5
字　　数 / 316千字
版　　次 / 2015年8月第1版　2021年9月第9次印刷
定　　价 / 37.00元

责任编辑 / 陈莉华
文案编辑 / 陈莉华
责任校对 / 孟祥敬
责任印制 / 李志强

前　　言

Linux 是一种开放源代码的免费操作系统。自它诞生以来，在全世界 Linux 爱好者的共同努力下，其性能不断完善，具有稳定、安全、网络负载力强、占用硬件资源少等技术特点，得到了迅速推广和应用。它已发展成为当今世界的主流操作系统之一。

除了作为桌面系统使用外，Linux 在服务器领域更是得到了广泛的应用。目前，Linux 系统在服务器市场上的占有率接近 35%，是占有率最高的操作系统。很多企业、行政事业单位把自己的关键业务构建在 Linux 服务器平台上，在实践应用中证明了 Linux 操作系统不仅拥有商业操作系统所具备的性能，而且在保护信息安全，充分利用硬件资源、成本等方面具有优良的特性。

本书较为全面、系统、深入地介绍了在 RHEL 操作系统上构建各种网络服务的方法。本书实践性强，读者完全可以把所学的知识直接在实际项目中使用。

本书具有以下特色：

（1）这是一本工作过程导向的工学结合教材。根据项目化教学需要，以项目—任务来组织内容，在教程设计中以实际工作中 Linux 各种服务的配置和应用为主，主要包括配置 DHCP 服务、DNS 服务、Samba 服务、Web 服务、电子邮件服务、FTP 服务、代理服务和 VPN 服务等，实践性强，信息量大。本书遵循的核心理念是：以实用为标准，适合的就是最好的。读者通过对书本的学习，可以掌握各种常用服务器的配置和使用方法。

（2）源于实际工作经验，实训内容强调工学结合，专业技能培养实战化。在专业技能的培养中，突出实战化要求，贴近市场，贴近技术。所有拓展实训项目都源于作者的工作经验和教学经验。对于复杂设备的实训，则采用虚拟的实训网络环境。实训项目重在培养读者分析实际问题和解决实际问题的能力。

教学大纲

本书的参考学时为 64 学时，其中实践环节为 39 学时，各项目的参考学时参见下面的学时分配表。

章节	课程内容	学时分配		编者
		讲授	实训	
项目 1	安装 Red Hat Enterprise Linux	1	1	沈啸
项目 2	Red Hat Enterprise Linux 文件和磁盘管理	2	4	汪小霞
项目 3	配置 Linux 基础网络	1	2	俞国红
项目 4	远程登录管理	1	2	杨正校

续表

章节	课程内容	学时分配		编者
		讲授	实训	
项目 5	架设 FTP 服务器	2	2	刘坤
项目 6	架设 DHCP 服务器	2	4	杨正校
项目 7	架设 DNS 服务器	2	2	安波
项目 8	架设 Web 服务器	2	4	普星
项目 9	架设 E－mail 服务器	2	2	徐辉
项目 10	架设 MySQL 数据库服务器	2	4	郭鹏
项目 11	防火墙与 Squid 代理服务器的搭建	2	4	刘静
项目 12	架设 VPN 服务器	2	2	普星
项目 13	架设 Samba 服务器	2	2	安波
项目 14	Linux 服务器的故障诊断和排除	2	4	普星
课时总结		25	39	

本书适合作为高职高专计算机及相关专业的教材，也可作为 Linux 应用技术的培训、自学用书，还可供网络组建、管理和维护技术人员参考使用。

本书由普星（苏州健雄职业技术学院）、安波（山西林业职业技术学院）、杨正校（苏州健雄职业技术学院）主编，参与部分编写工作的还有刘静、刘坤、沈啸、俞国红、汪小霞、徐辉（安徽电子信息职业技术学院）、郭鹏（安徽电子信息职业技术学院）。参与本书编写的人员全部来自长期从事教学一线和系统设计制作工作岗位的教师和工程师，具有丰富的系统设计与开发经验。

在撰写本书过程中参考了大量书籍和资料，在此对这些书籍和资料的作者表示最诚挚的谢意。

在编写过程中，我们力求精益求精、全面周到，由于编者水平有限，难免有疏漏和不妥之处，恳请专家、同仁和广大读者批评指正，在此表示感谢。

编　者

2015 年 5 月

目　　录

项目1

安装 Red Hat Enterprise Linux

【学习目标】

知识目标：

- 了解 Linux 操作系统的基础知识。
- 熟悉 VMware 虚拟机软件的使用。
- 掌握 Red Hat Enterprise Linux 6.4 的安装、启动、登录、退出及卸载。

能力目标：

- 会安装 RHEL 6.4。
- 会启动、登录和退出 RHEL 6.4。
- 会卸载 RHEL 6.4。

【项目描述】

某公司组建了内网，现在需要架设一台具有 Web、FTP、DNS、DHCP、VPN 等功能的服务器来为公司用户提供服务，公司老板考虑成本，决定用 Linux 来作为公司服务器的操作系统，首先从安装 Linux 操作系统做起。本项目将介绍在 VMware 中如何安装 RHEL 6.4，如何启动、登录、退出和卸载 RHEL 6.4。

【任务分解】

学习本项目需要完成3个任务，即：任务1，安装与配置 Red Hat Enterprise Linux；任务2，Red Hat Enterprise Linux 登录与退出；任务3，卸载 Red Hat Enterprise Linux。

【问题引导】

- Linux 是如何产生的？
- Linux 的版本问题有哪些？
- Linux 的特点、优点与不足是什么？

【知识学习】

1991 年 10 月，芬兰赫尔辛基大学学生 Linus Torvalds（李纳斯·托沃兹）从利用 Minix 操作系统作为开发平台为他自己的操作系统课程到后来的上网用途，陆续编写了若干程序。他在 comp. os. minix 这个新闻群组上发表了一个帖子，它标志着 Linux 的诞生。

Linux 的版本分为两类，即内核版本和发行版本。Linux 内核的版本号命名是有一定规则的，版本号的格式通常由 3 部分数字构成，其形式为“x. yy. zz”，数字越大代表版本越新。Linux 的发行版本众多，目前有 400 余种 Linux Distribution（发行套件），Red Hat Linux 是业内最负盛名，也是做得最出色的，在服务器市场占有 80% 的份额。比较有影响的主要有 Red Hat Linux（www. redhat. com）、Slackware Linux（www. slackware. com）、SuSe Linux（Novell 公司 www. suse. com）、Debian Linux（www. debian. org）、Redflag Linux（国产的 www. redflag. com. cn）。Linux 的各个版本间的区别见表 1 - 1。

表 1 - 1　Linux 的各个版本间的区别

西文版/国际版	中文版	区别
Red Hat Linux Mandrake Linux Debian GNU/Linux Ubuntu Slackware Linux SuSe Linux Turbo Linux	Xteam Linux 红旗 Linux Turbo Linux 中文版 BluePoint Linux	安装方式，安装程序不同 配置方式不同 捆绑软件不同 技术支持不同

Linux 有以下特点：

（1）自由与开放。由于 Linux 系统的开发从一开始就与 GNU 项目紧密地结合起来，所以它的大多数组成部分都直接来自 GNU 项目。任何人、任何组织只要遵守 GPL 条款，就可以自由使用 Linux 源代码，为用户提供了最大限度的自由度。加之 Linux 的软件资源十分丰富，每种通用程序在 Linux 上几乎都可以找到，并且数量还在不断增加。这一切就使设计者在其基础之上进行二次开发变得非常容易。另外，由于 Linux 源代码公开，也使用户不用担心有“后闸”等安全隐患。

（2）功能强大且稳定。Linux 内核的高效和稳定已在各个领域内得到了大量事实的验证。Linux 中大量网络管理、网络服务等方面的功能，可使用户很方便地建立高效、稳定的防火墙、路由器、工作站、服务器等。为提高安全性，它还提供了大量的网络管理软件、网络分析软件和网络安全软件等。

（3）配置要求相对低廉。Linux 支持 PC 的 x86 架构，本身对于计算机的硬件配置要求并不高。当然如果要运行 XWindow 就另当别论了。

（4）广泛的硬件支持。Linux 能支持 x86、ARM、MIPS、ALPHA 和 PowerPC 等多种体系结构的微处理器。目前已成功地移植到数十种硬件平台，几乎能运行在所有流行的处理器上。

Linux 的优点：良好的稳定性、高效性、安全性以及漏洞的快速修补，多任务、多用户的分工、免费和相对而言资源耗费较少。

Linux 的不足：没有特定的支持厂商，相对软件支持更新速度较慢，图形界面还有待改进。

任务1　安装与配置 Red Hat Enterprise Linux

【任务描述】

由于刚开始摸索 Linux，缺乏经验，为了避免安装过程中出现错误导致无法进入原系统，所以要先安装虚拟机，在虚拟机上安装 Red Hat Enterprise Linux 6.4。熟练之后再上真机安装。

【任务分析】

要在虚拟机上安装 Red Hat Enterprise Linux 6.4，要先安装虚拟机 VMware，最好选用完整版的 VMware，先按照 RHEL 6.4 的系统要求配置出虚拟硬件环境再安装，RHEL 6.4 支持多种方式进行安装，如光盘安装、硬盘安装、网络安装等，因为在虚拟机上安装 VMware，所以选择光盘安装的方式来安装 RHEL 6.4。

【任务实施】

1. 安装 VMware

（1）这里安装 VMware 8.0，先解压缩安装文件包，双击 VMware 8.0 的安装文件，开始安装 VMware 8.0，如图1－1所示。

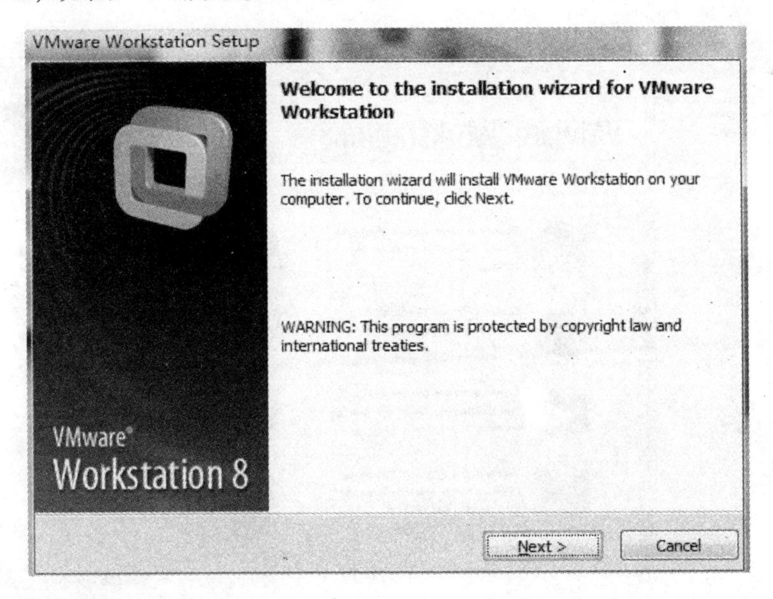

图1－1　VMware 8.0 安装界面

（2）单击“Next”按钮后出现选择安装方式界面，这里选择“Typical”典型安装，再单击“Next”按钮，如图1－2所示。

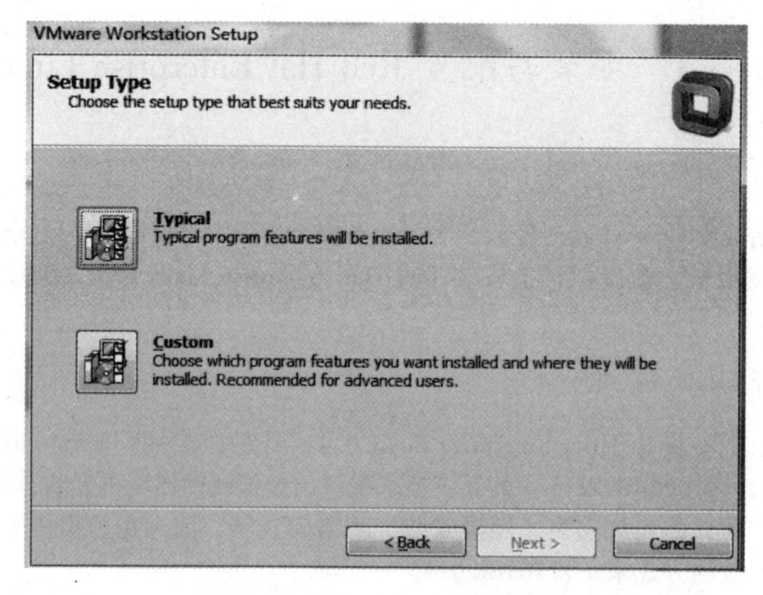

图 1-2　选择“Typical”典型安装

（3）接下来保持默认设置，一路单击“Next”按钮，直到安装完成，桌面上会出现 图标，双击启动 VMware，启动后界面如图 1-3 所示。

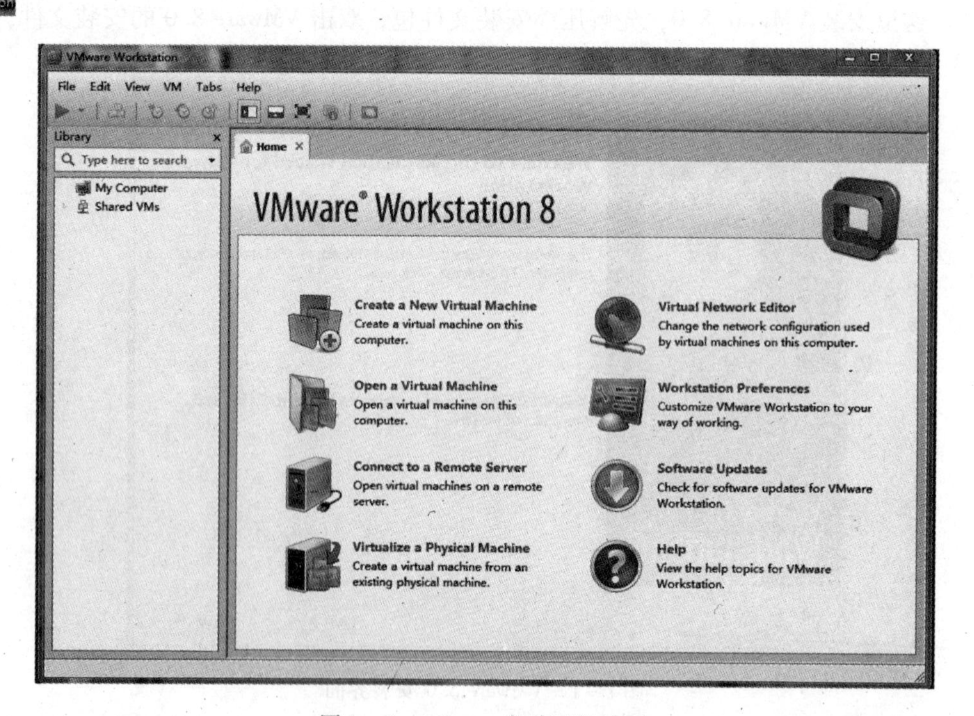

图 1-3　VMware 启动后的界面

（4）选择“Create a New Vitrual Machine”选项来新建一个虚拟机，会出现图 1-4 所示对话框，选中“Custom”单选按钮自定义安装，然后单击“Next”按钮，出现图 1-5 所示

对话框，同样单击“Next”按钮。

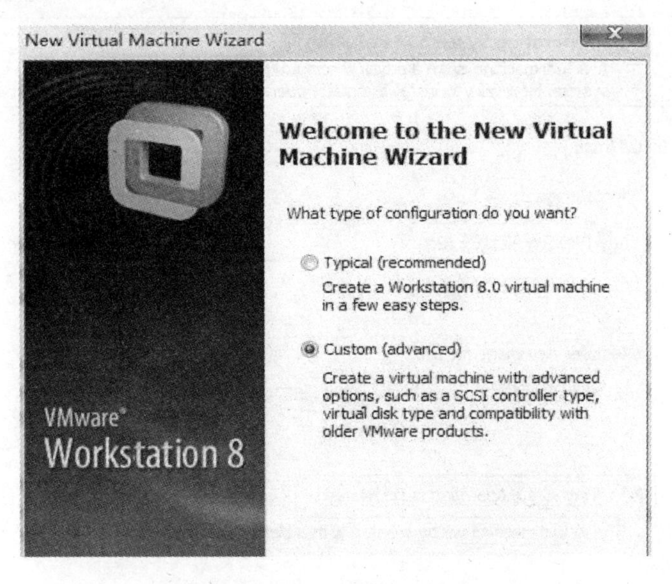

图1-4　新建虚拟机向导界面

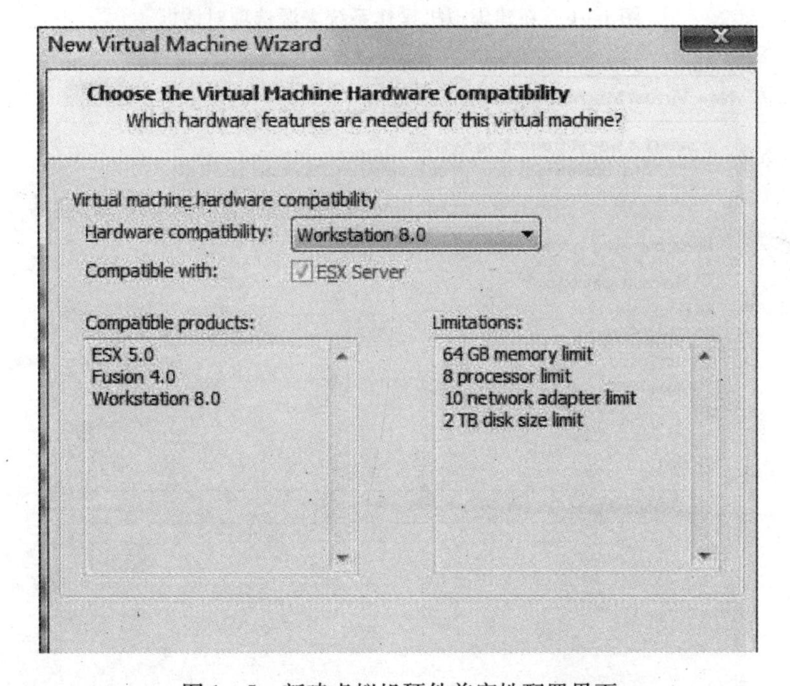

图1-5　新建虚拟机硬件兼容性配置界面

（5）选中图1-6所示单选按钮，单击“Next”按钮，选择要安装的系统版本，如图1-7所示，单击“Next”按钮，指定Linux的安装路径，如图1-8所示，单击“Next”按钮。

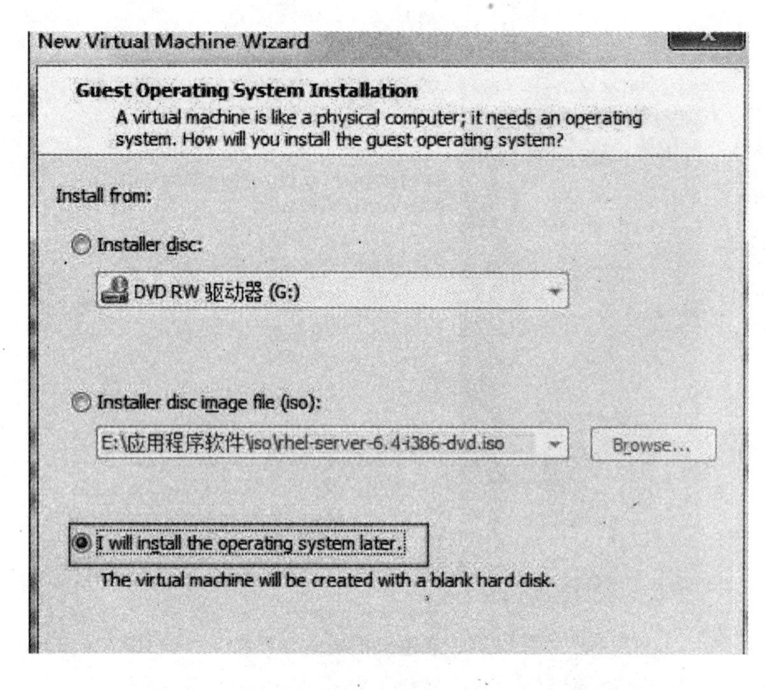

图 1－6　新建虚拟机操作系统来源选项对话框

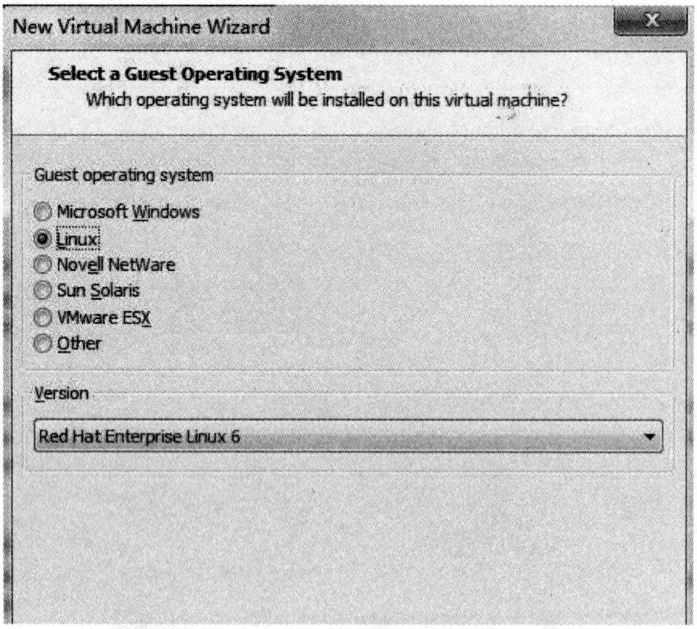

New Virtual Machine Wizard

Select a Guest Operating System

Which operating system will be installed on this virtual machine?

Guest operating system

- Microsoft Windows
- Linux
- Novell NetWare
- Sun Solaris
- VMware ESX
- Other

Version

Red Hat Enterprise Linux 6

图 1－7　新建虚拟机操作系统选择对话框

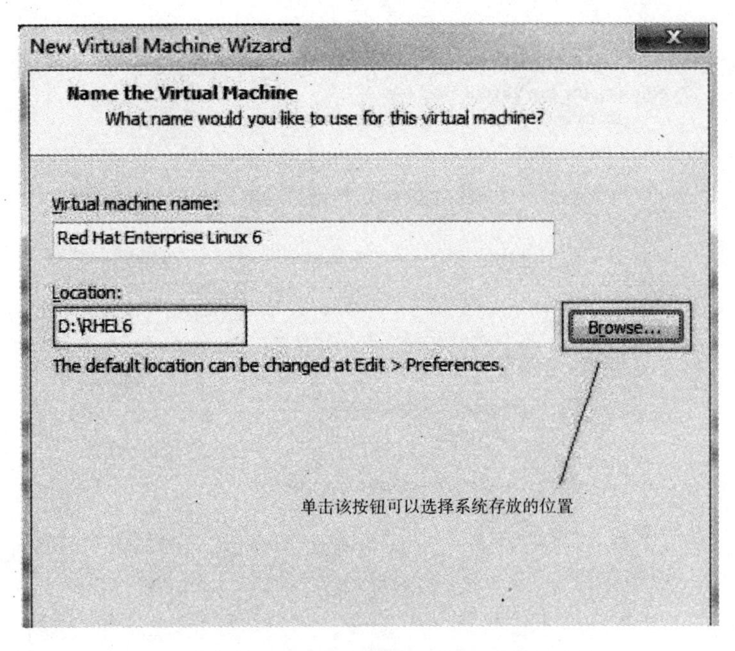

图1-8　指定新建虚拟机操作系统安装位置

（6）这时弹出图1-9所示对话框，主要是一些进程等配置，在此保持默认即可，单击“Next”按钮，弹出图1-10所示对话框，进行内存大小设置，此处选择的是2 048 MB，然后单击“Next”按钮。

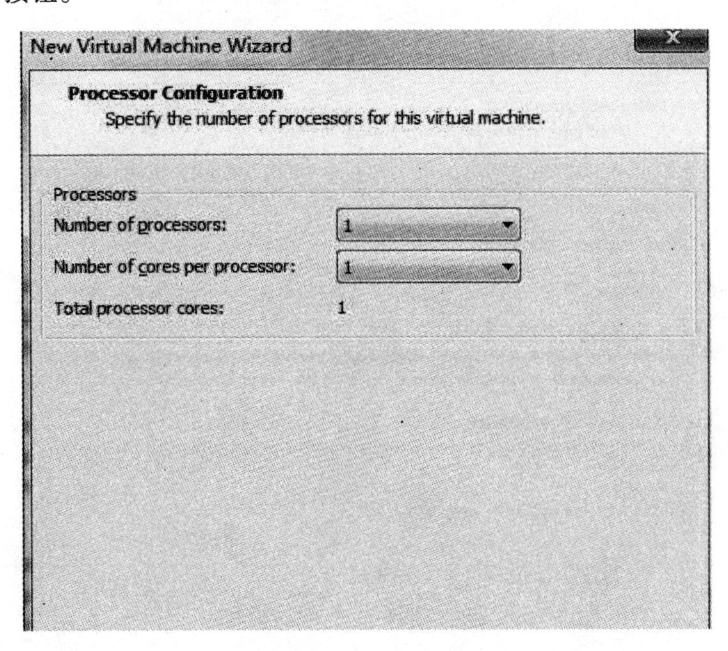

图1-9　新建虚拟机进程等配置对话框

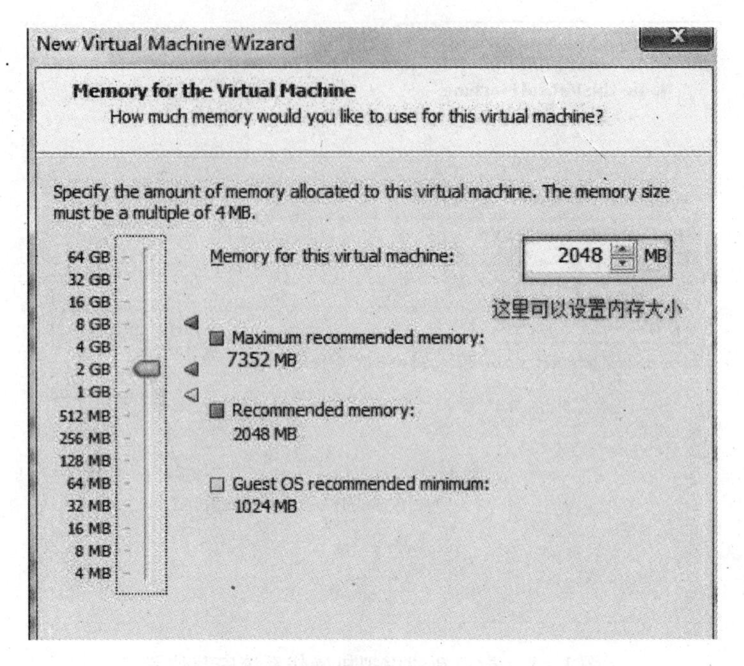

图 1－10　新建虚拟机内存容量配置对话框

（7）设定网络连接方式，此处选择桥接模式，如图 1－11 所示，单击“Next”按钮，弹出的对话框都是有关磁盘的配置，如图 1－12 至图 1－15 所示，按图配置即可，一路单击“Next”按钮。

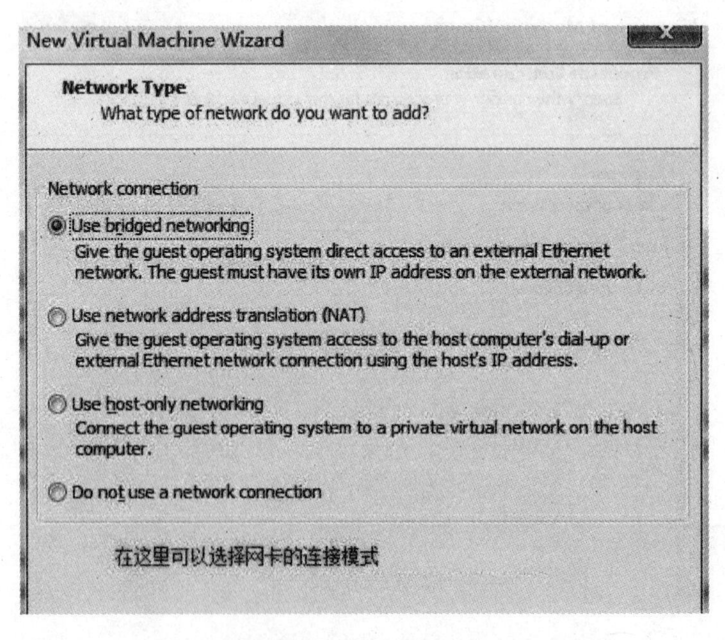

图 1－11　新建虚拟机网络连接方式配置对话框

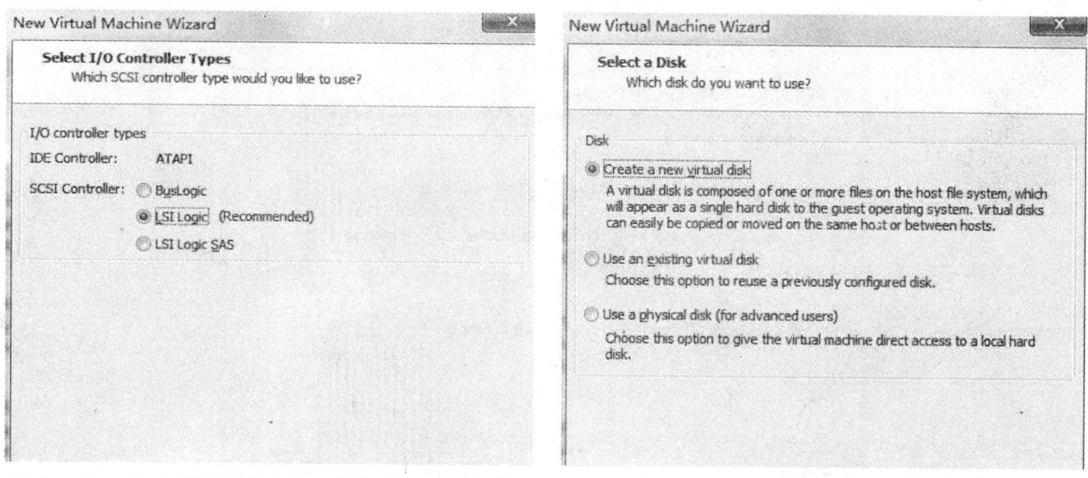

图 1－12　新建虚拟机输入输出控制器配置对话框　　图 1－13　新建虚拟机硬盘创建选项对话框

New Virtual Machine Wizard
Select a Disk Type
What kind of disk do you want to create?
Virtual disk type
IDE
SCSI (Recommended)

New Virtual Machine Wizard
Specify Disk Capacity
How large do you want this disk to be?
Maximum disk size (GB): 60.0
Recommended size for Red Hat Enterprise Linux 6: 20 GB
Allocate all disk space now.
Allocating the full capacity can enhance performance but requires all of the physical disk space to be available right now. If you do not allocate all the space now, the virtual disk starts small and grows as you add data to it.
Store virtual disk as a single file
Split virtual disk into multiple files
Splitting the disk makes it easier to move the virtual machine to another computer but may reduce performance with very large disks.

图 1－14　新建虚拟机硬盘类型选择对话框　　图 1－15　新建虚拟机硬盘容量等配置对话框

（8）确定硬盘文件名，如图 1－16 所示，单击“Next”按钮，至此创建已大体完成，若没有其他具体设置，单击“Finish”按钮完成，如图 1－17 所示。

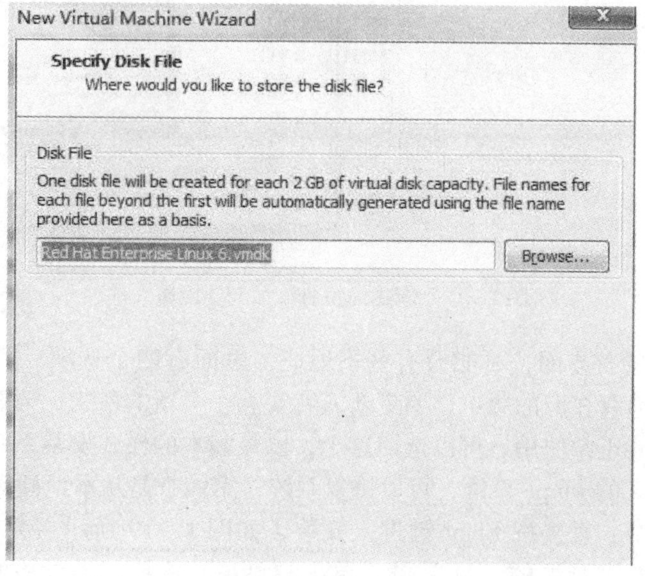

图 1－16　新建虚拟机硬盘文件名配置对话框

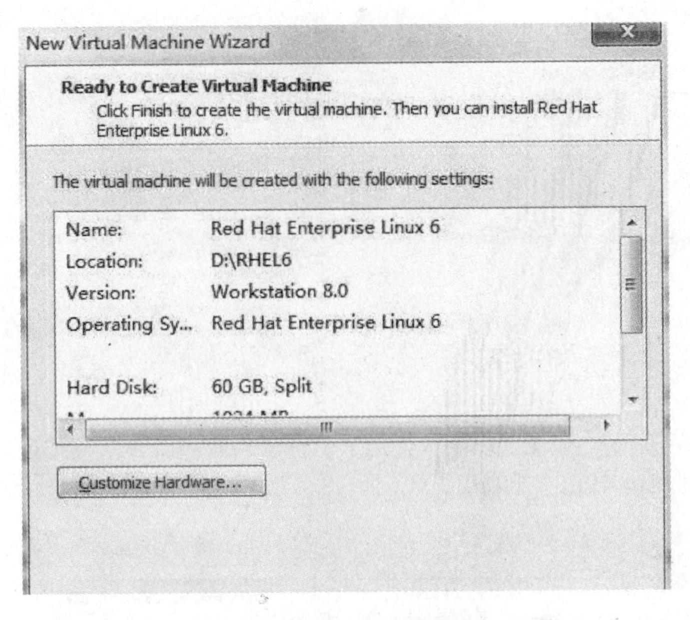

图 1－17　新建虚拟机创建最终确定对话框

2. 安装 Red Hat Enterprise Linux 6.4

（1）选择安装镜像文件，如图 1－18 所示，向虚拟光驱中添加 RHEL 6.4 安装光盘镜像，设定完成后单击“Close”按钮开始安装。

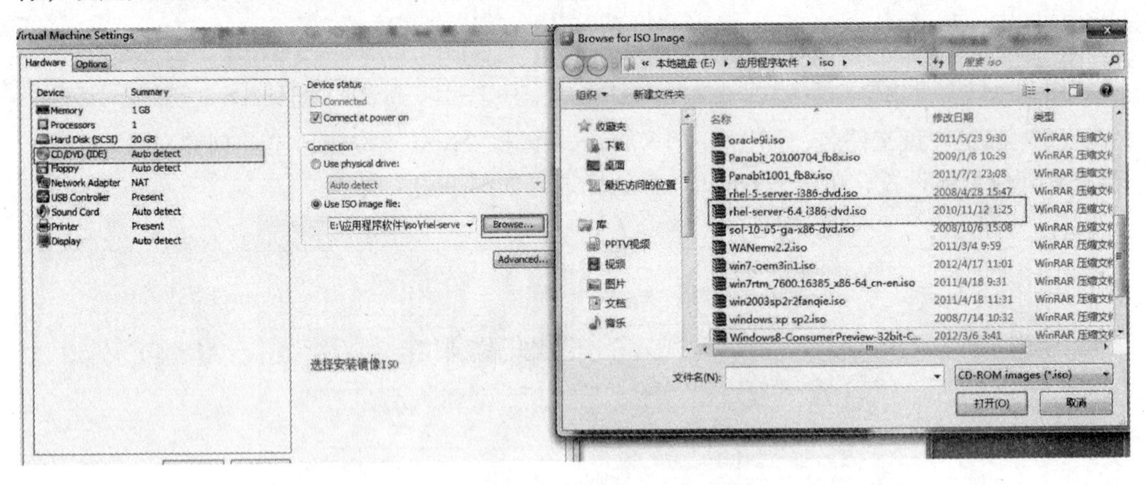

图 1－18　新建虚拟机添加 ISO 镜像文件

（2）到了安装的首界面，可能会有些不适应，里面有四个选项，第一个是安装或更新一个系统，如果之前存在旧的版本，要更新或者安装一个新的系统，请选择此项；第二个是如果机器的显卡不能正常使用，可以选用这个，以最基本的模式安装系统；第三个是救援模式，类似于 Windows 的 winpe 系统，可以修复系统；第四个是从本地硬盘启动。选择默认安装模式也就是第一个，直接按 Enter 键进入安装，如图 1－19 所示，会出现光盘检测界面，如图 1－20 所示，按键盘上的“→”键，单击“Skip”按钮。光盘检测会耗费一定时间，

如果光盘有问题，安装过程中会直接报错！

图1－19 RHEL 6.4安装方式选择界面

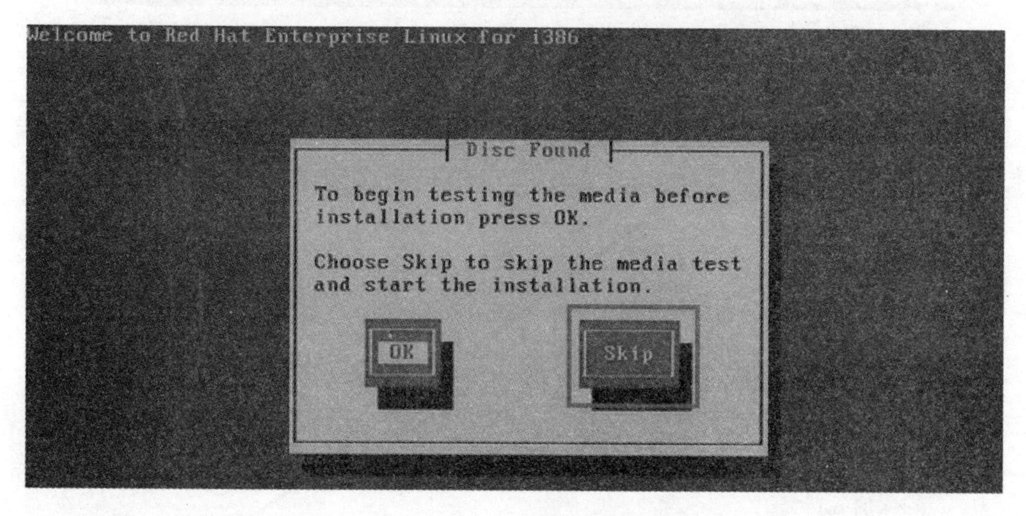

图1－20 RHEL 6.4安装光盘检测界面

（3）跳过光盘检测，按Enter键进入下一页，来到安装欢迎界面，如图1－21所示。

（4）单击“Next”按钮，选择系统语言，首先安装程序会问您安装GUN/Linux时使用哪种语言来显示信息，在此选择的语言也会成为安装后RHEL 6.4的默认语言，RHEL 6.4对中文的支持算是不错，可以选择Chinese（Simplified）简体中文选项，单击“Next”按钮进入下一步安装键盘界面，如图1－22所示。

图 1-21　RHEL 6.4 安装欢迎界面

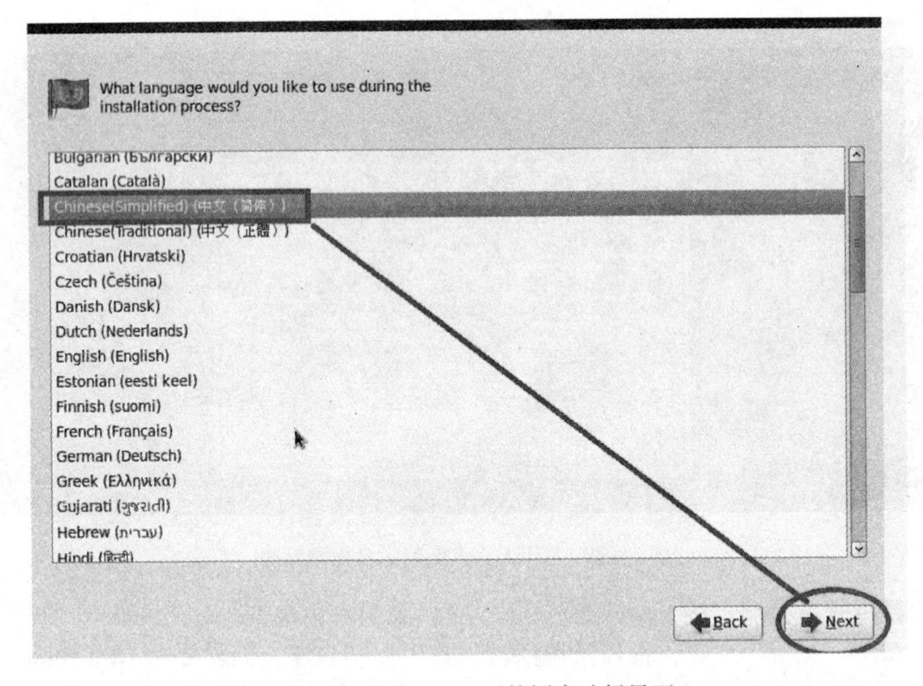

图 1-22　RHEL 6.4 系统语言选择界面

（5）为系统选择键盘，不同国家键盘的排列可能会有少许差别，对一般中国大陆、香港、澳门、台湾的用户来说，请选择“美国英语式”选项，单击“下一步（N）”按钮进入下一步安装对话框，如图 1-23 所示。

（6）选择安装位置，RHEL 6.4 可以直接支持安装在本地磁盘、网络磁盘、SAN 等设备上，如图 1-24 所示。

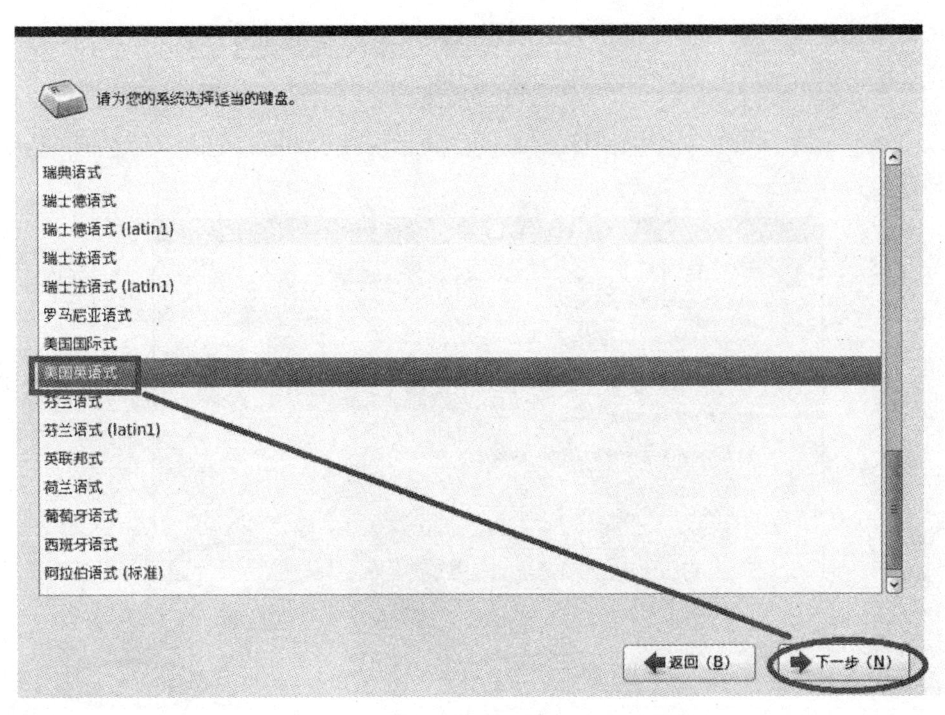

图 1 – 23　RHEL 6. 4 系统安装键盘选择对话框

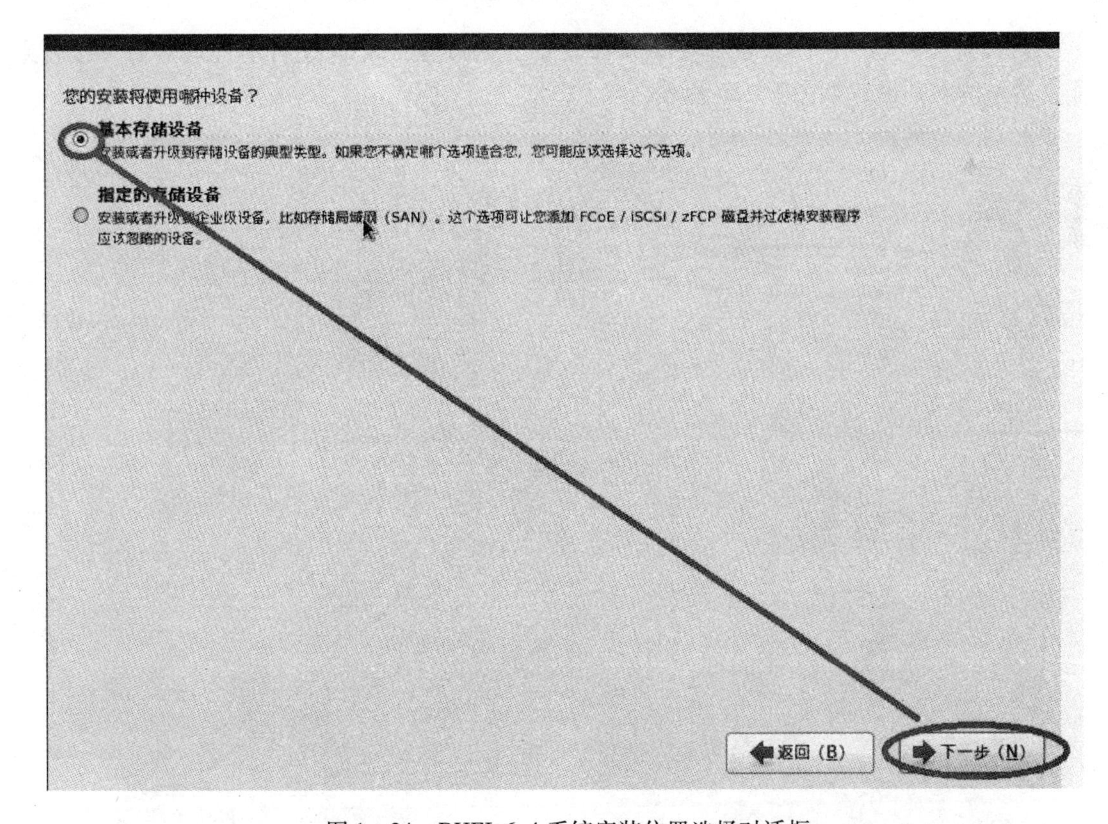

图 1 – 24　RHEL 6. 4 系统安装位置选择对话框

（7）初始化硬盘，安装程序提示分区表无法读取，需要创建分区，如图 1－25 所示。

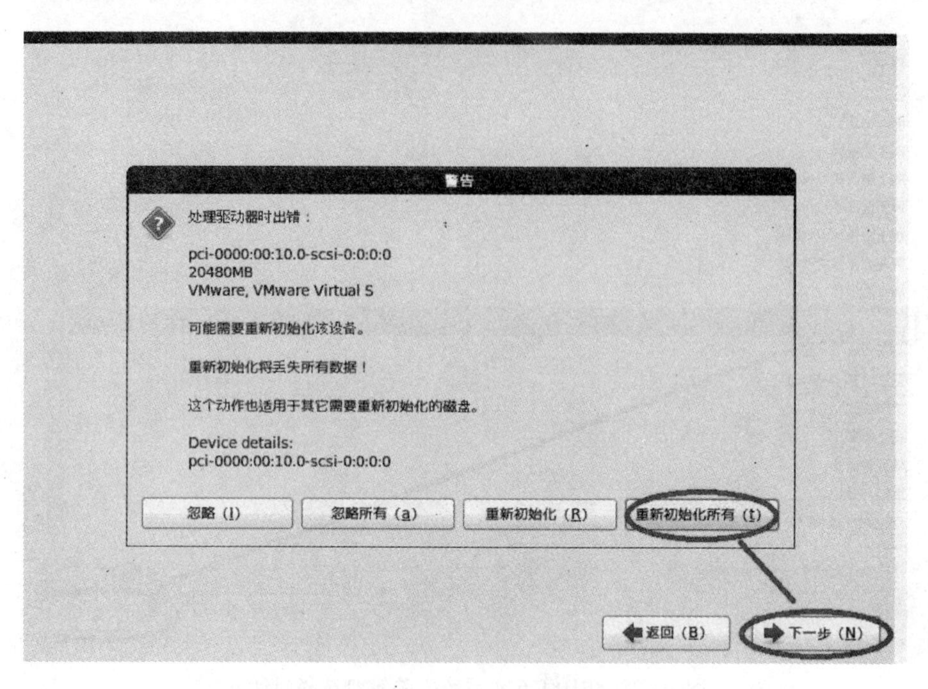

图 1－25　RHEL 6.4 安装硬盘初始化对话框

（8）设置主机名和网络，选择安装程序自动分割硬盘或配置好启动管理器后，接着来到配置网络的对话框，如图 1－26 所示。

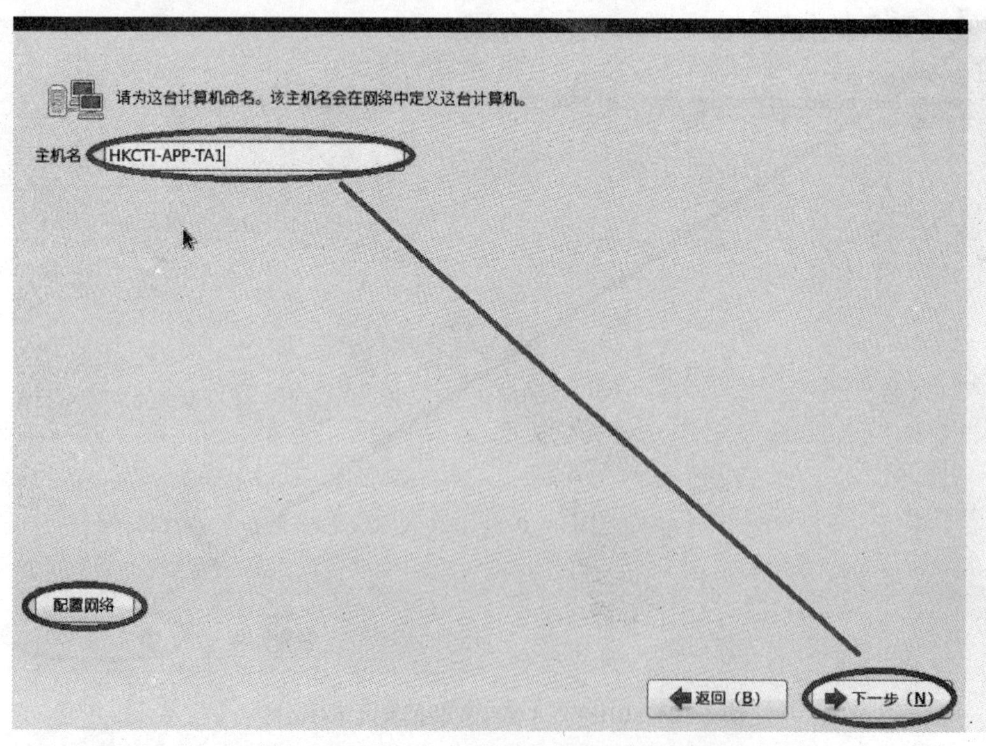

图 1－26　RHEL 6.4 设置主机名和网络对话框

特别说明：RHEL 6.4 安装支持直接设定网络 IP 等信息，已方便安装后马上使用网络，也可以先不设置，直接进入下一步。

（9）时区选择。为了方便日常操作，需要配置您所在地区的时区。如果先前在选择语言时选择中文（简体），时区将默认为亚洲/上海。如果选择了 English，时区将默认为美国。单击“下一步（N）”按钮进入下一步安装界面，如图 1－27 所示。

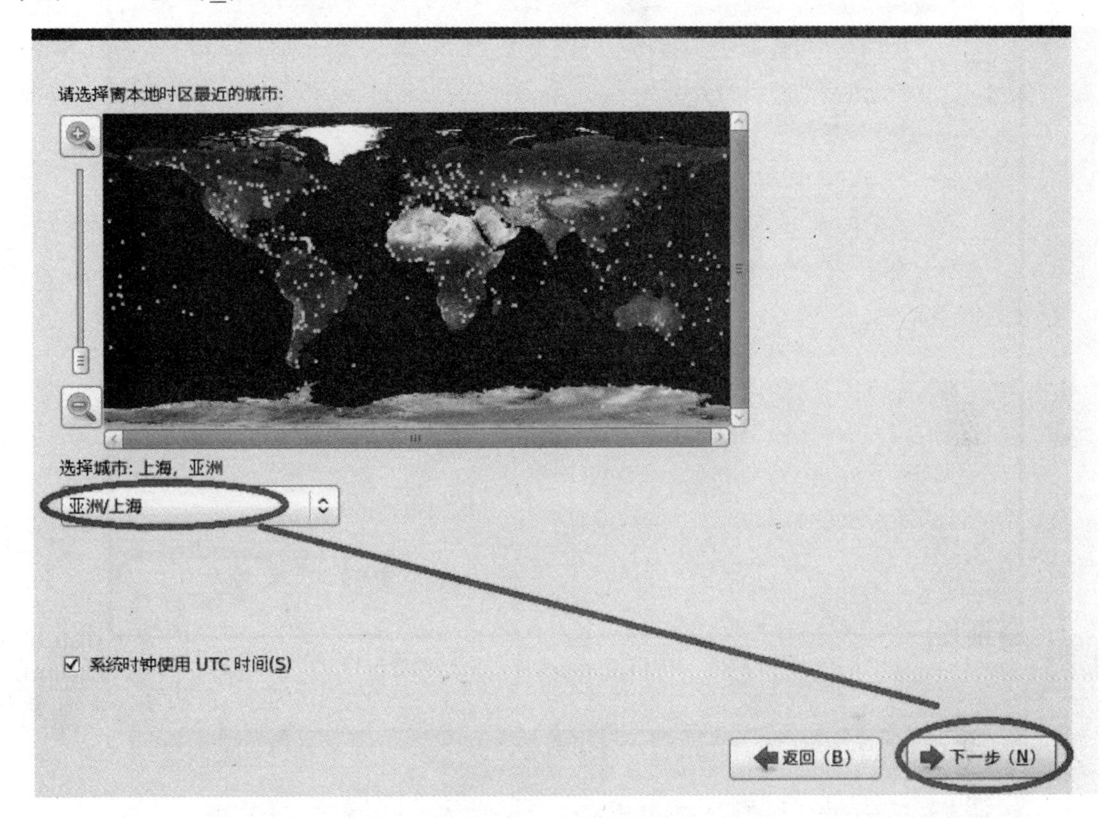

图 1－27　RHEL 6.4 安装时区选择对话框

（10）设置根账号 root 的密码，如图 1－28 所示，来到设定系统管理密码的界面，GUN/Linux 或 UNIX 的系统管理员为 root，是整个系统中最高权力的用户账户，所以其密码非常重要。单击“下一步（N）”按钮进入下一步安装界面，如果密码过于简单，还会出现警告提示，如图 1－29 所示。

（11）进入选择分区。RHEL6 必须设置一个/boot/xxxx 的分区，请按图 1－30 和图 1－31 所示指引建立并设置其大小。

（12）格式化分区。引导界面，保持默认即可（如果是双系统，这里就可以添加另外一个系统的引导启动界面，如 XP），单击“下一步（N）”按钮，如图 1－32 所示。

（13）如果之前硬盘上装有其他的操作系统，就需要适当安装和配置 RHEL 6.4 的引导程序，指定引导程序的安装位置和引导程序启动的默认操作系统，根据具体情况来定。这里保持默认即可，如图 1－33 和图 1－34 所示。

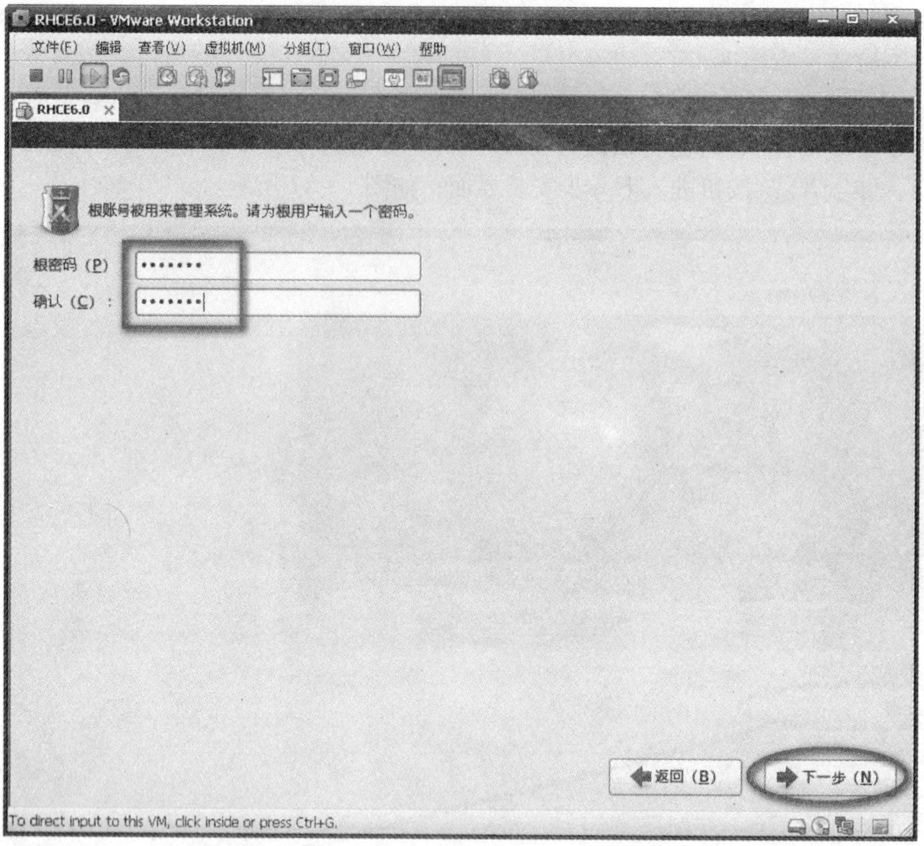

RHCE6.0 - VMware Workstation

文件(F)　编辑　查看(V)　虚拟机(M)　分组(T)　窗口(W)　帮助

RHCE6.0

根账号被用来管理系统。请为根用户输入一个密码。

根密码（P）：

确认（C）：

返回（B）　下一步（N）

To direct input to this VM, click inside or press Ctrl+G.

图 1-28　RHEL 6.4 root 账号密码设置窗口

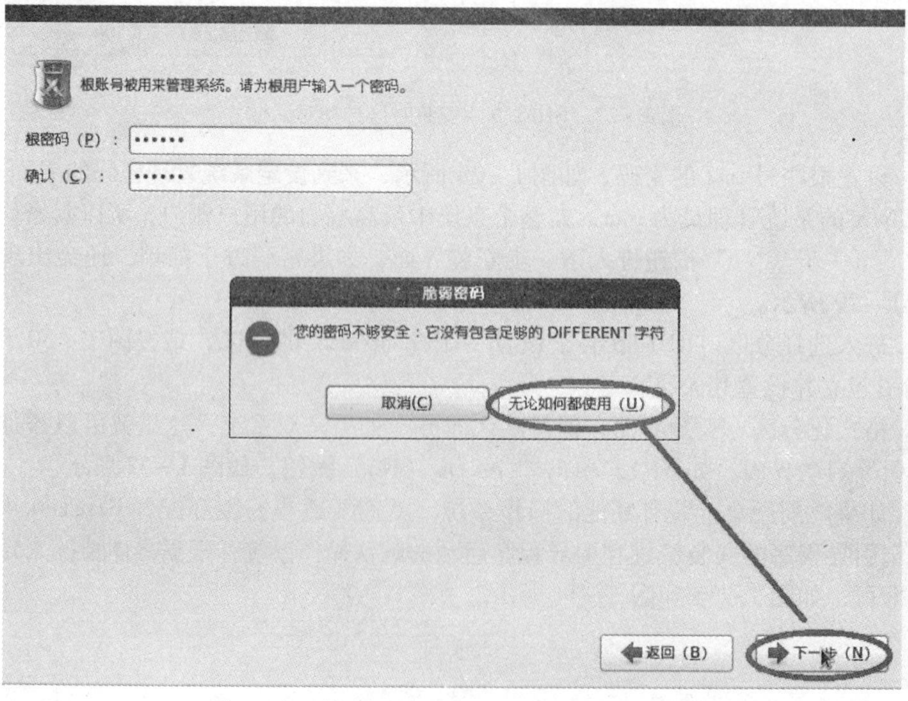

根账号被用来管理系统。请为根用户输入一个密码。

根密码（P）：

确认（C）：

脆弱密码

您的密码不够安全：它没有包含足够的 DIFFERENT 字符

取消(C)　无论如何都使用（U）

返回（B）　下一步（N）

图 1-29　提示 RHEL 6.4 root 账号密码过于简单

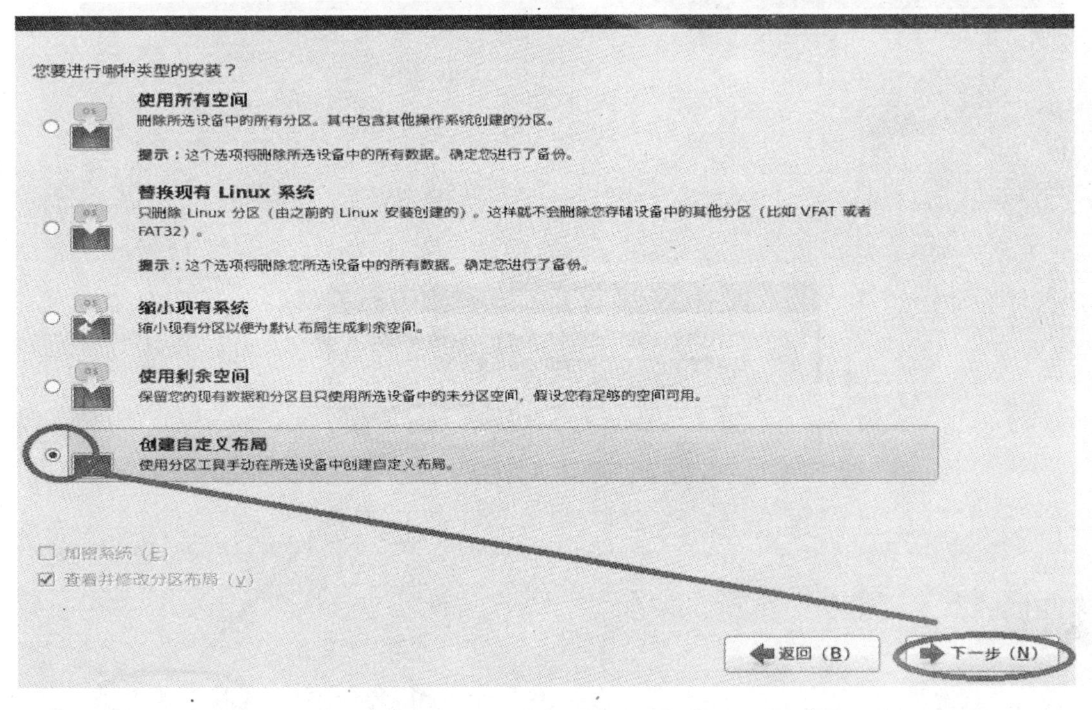

图1-30　选择分区对话框

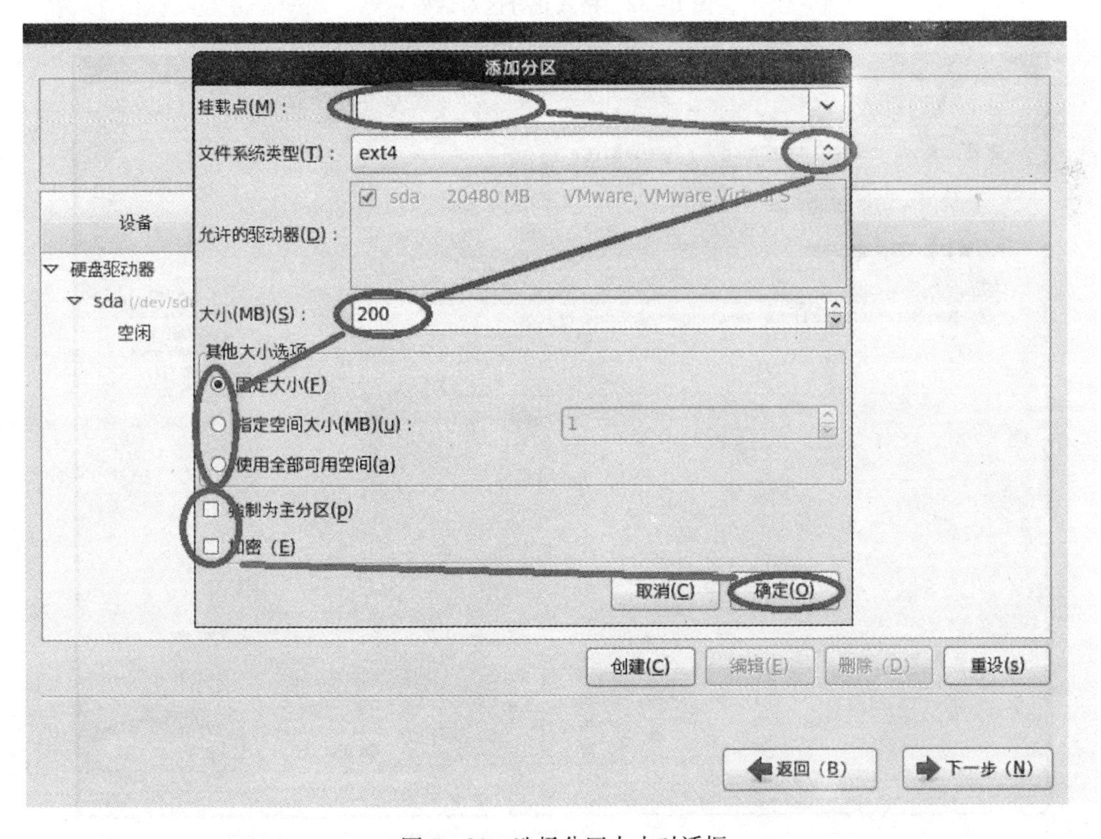

图1-31　选择分区大小对话框

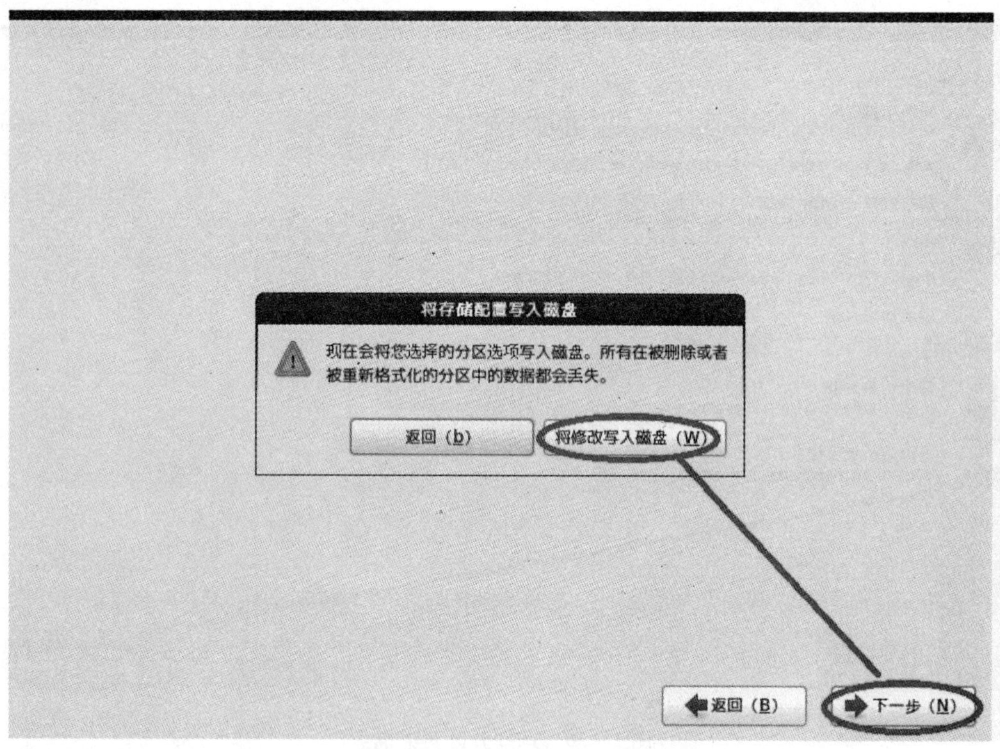

图 1－32　格式化分区对话框

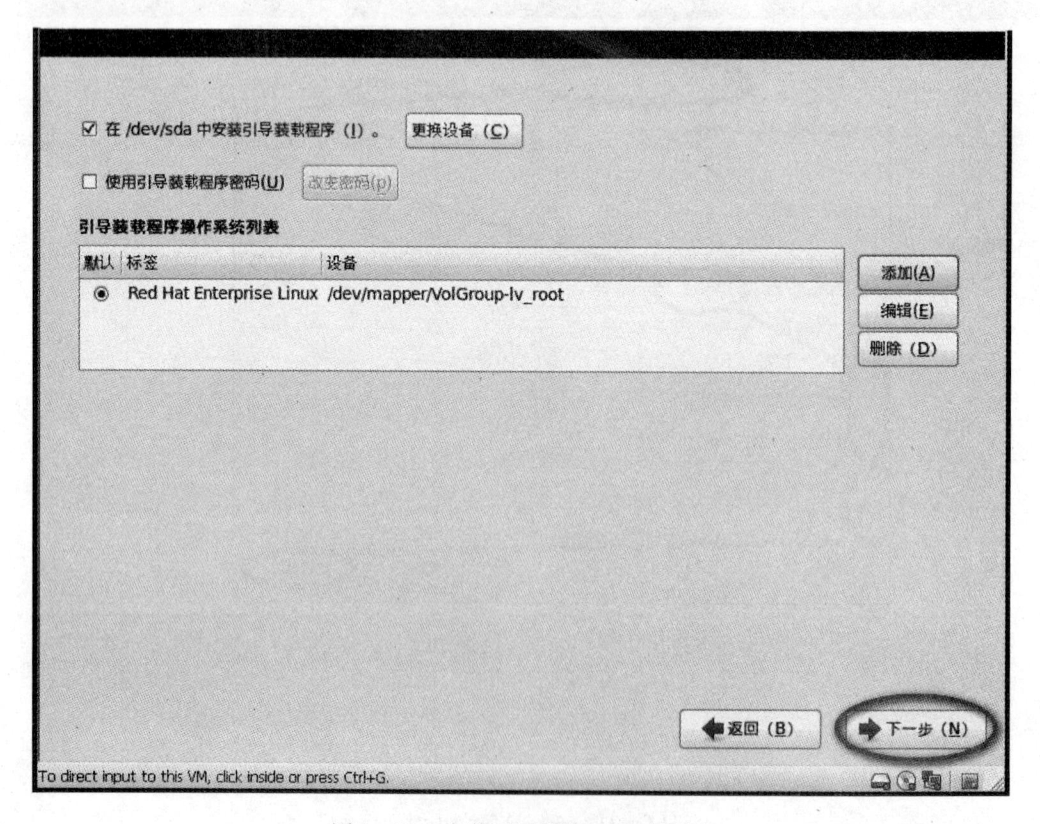

图 1－33　安装引导程序配置对话框

（14）RHEL 6.4 在安装过程中选择相应的桌面版、服务器版等安装版本，还可以根据需要补充安装附加的软件包，如图 1－34 所示。

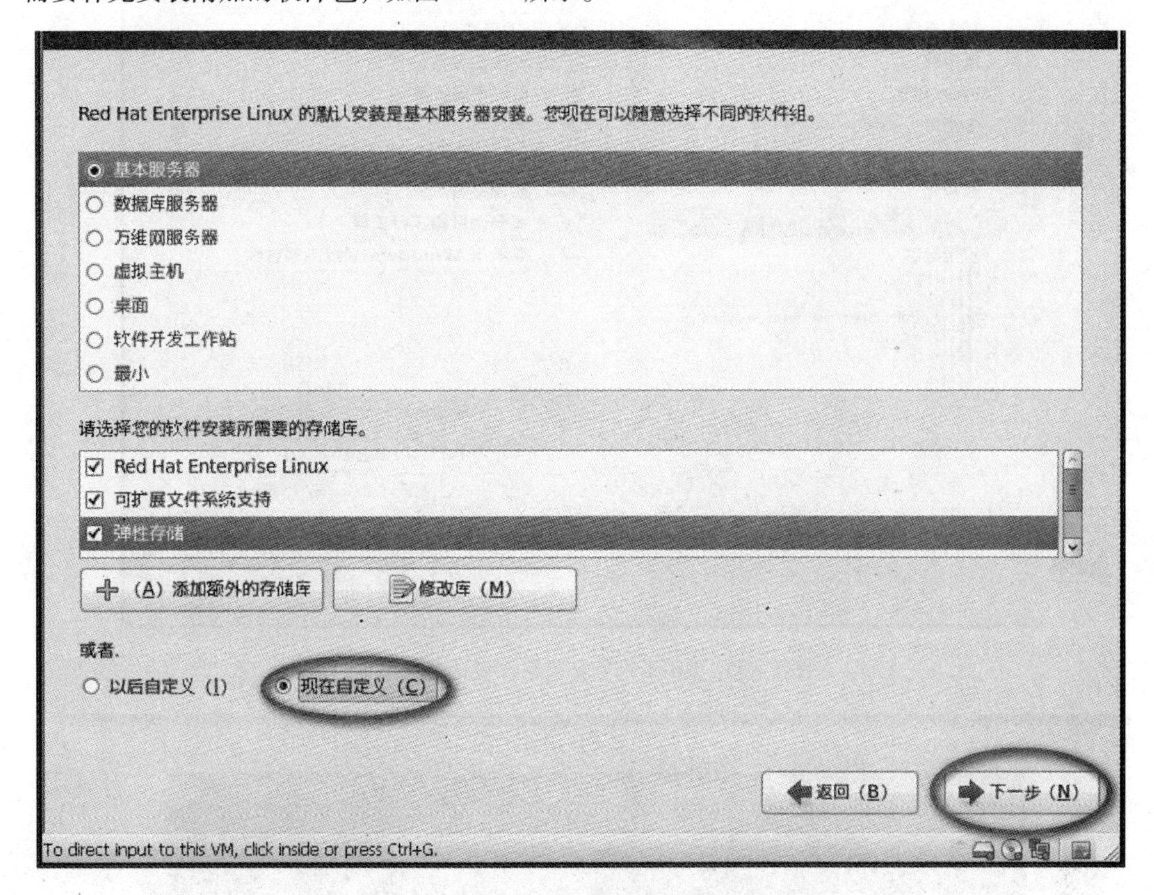

图 1－34　RHEL 6.4 安装版本选择对话框

（15）选择安装组件。根据自己的需要选择服务器组件，单击“下一步（N）”按钮，如图 1－35 所示。

（16）完成所选定要安装的软件包中，检查依赖关系后，就会来到以下界面“点击‘下一步’来开始安装 Red Hat Enterprise Linux Server”，单击“下一步（N）”按钮进入下一步安装界面，如图 1－36 所示。

（17）安装完毕，需要重新启动系统，如图 1－37 所示。

（18）重新开启后，计算机会自动进入欢迎对话框，如图 1－38 所示，单击“前进”按钮会进入“许可证信息”对话框，如图 1－39 所示，作为一位 Red Hat Enterprise Linux Server 6.4 操作系统的合法使用者，需要阅读 Red Hat Enterprise Linux Server 6.4 操作系统许可协议书，知道您可以享有的权益，并同意许可协议书的内容；没有问题后，请选中“是，我同意这个许可协议”单选按钮，单击“前进（F）”按钮进入“完成更新设置”对话框，如图 1－40 所示。

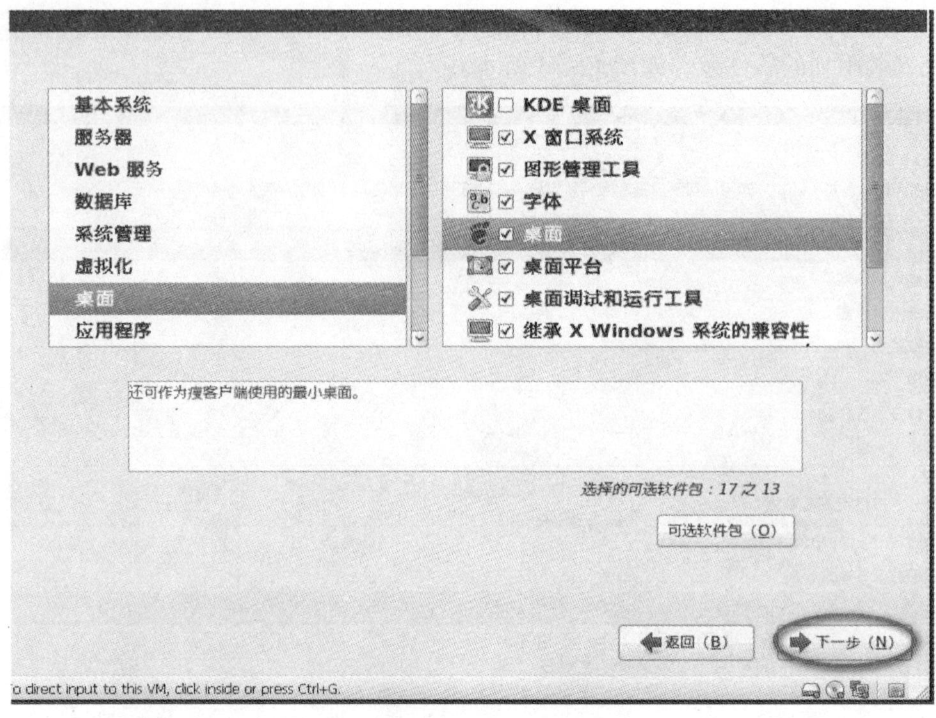

图 1－35　RHEL 6.4 安装软件包选择对话框

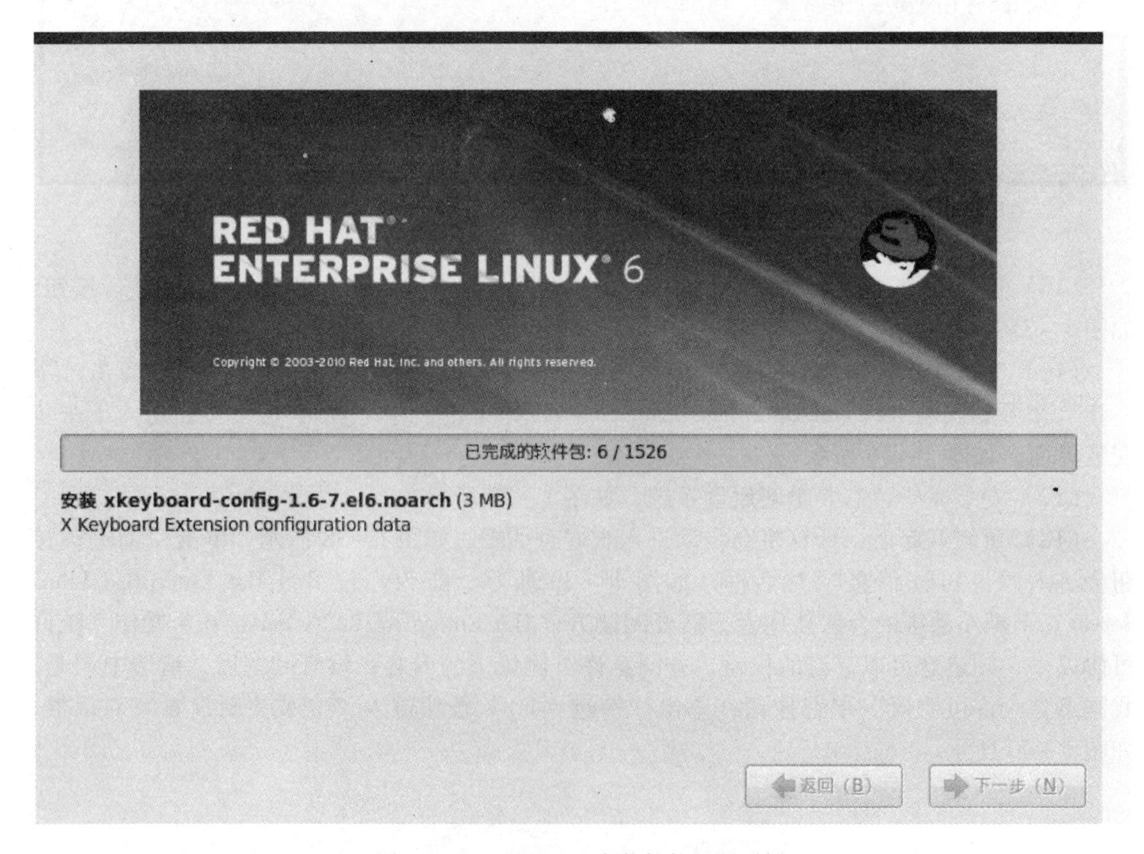

图 1－36　RHEL 6.4 安装软件包对话框

图1－37　RHEL 6.4 安装完成对话框

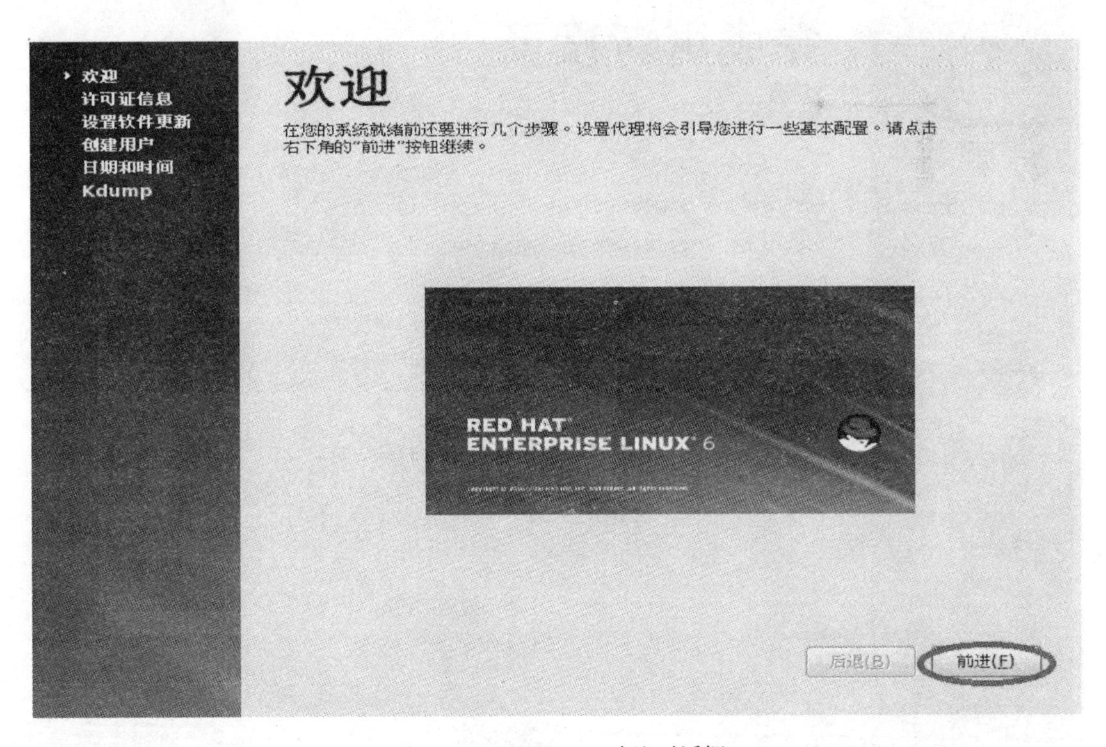

图1－38　RHEL 6.4 欢迎对话框

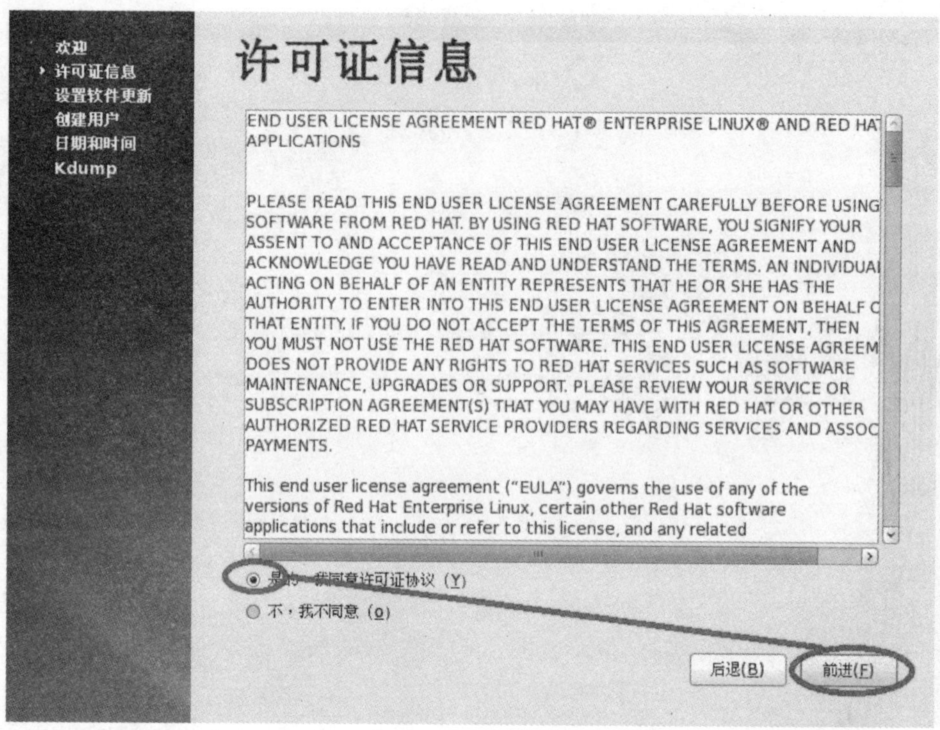

图 1－39　RHEL 6.4“许可证信息”对话框

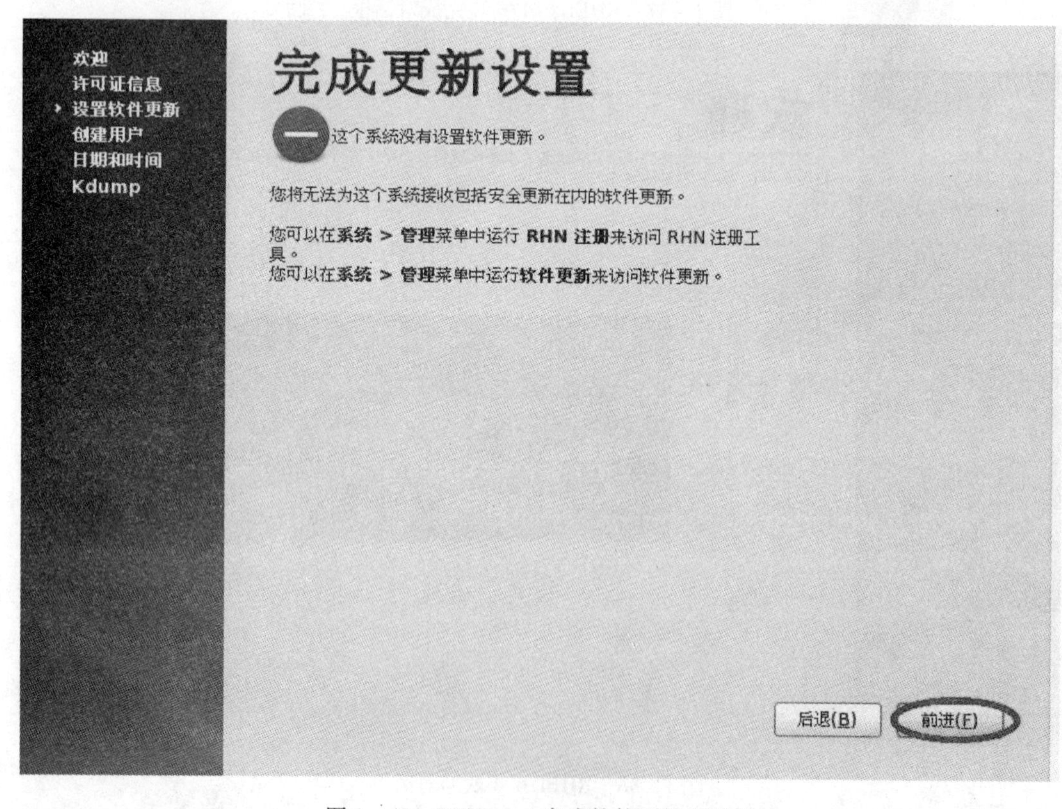

图 1－40　RHEL 6.4 完成软件更新对话框

（19）在“完成更新设置”对话框中单击“前进”按钮进入“创建用户”对话框，Linux 是多用户（Multi - user）的作业系统，为方便管理每个用户的档案及资源，每个用户都有自己的账户及密码。其中 root 是整个系统中最高权力的账户，因为 root 的权力实在太大，为避免无意中损害系统，一般会用另一账户处理日常工作，在需要 root 权力时才进入 root 账户。RHEL 6. 4 在安装时强制要求建立另一账户，按要求逐步填写用户信息后，单击“前进”按钮继续，如图 1 - 41 所示。

（20）进入设置日期和时间界面，如图 1 - 42 所示。

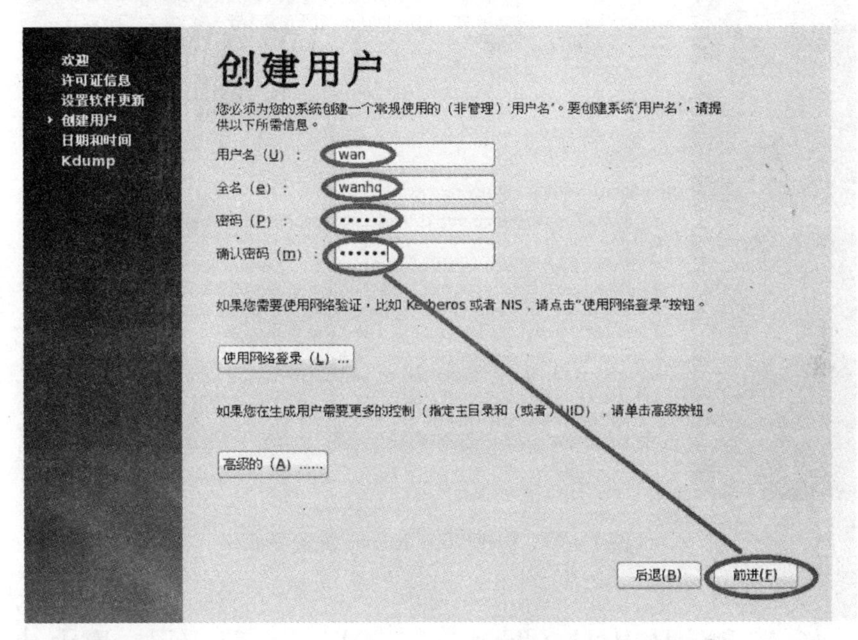

图 1 - 41　RHEL 6. 4“创建用户”对话框

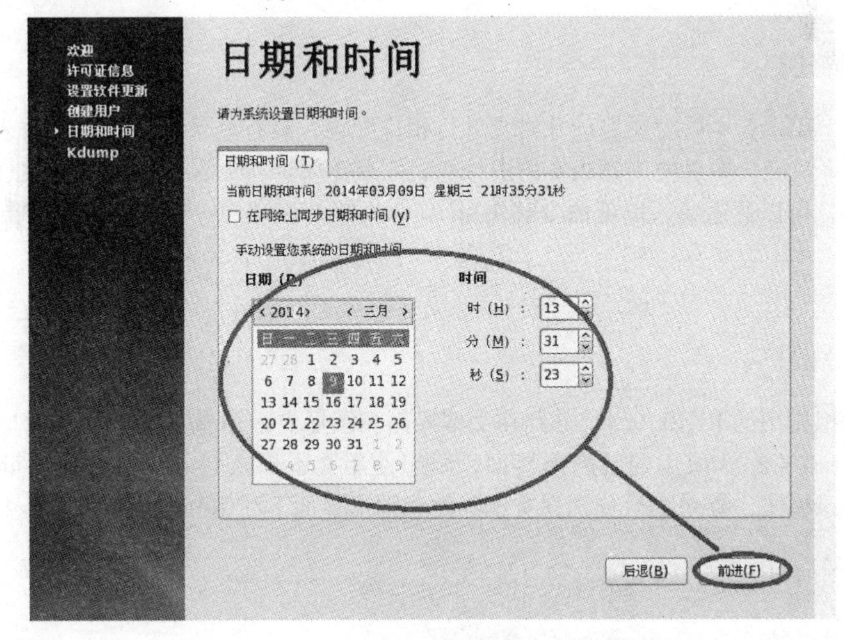

图 1 - 42　RHEL 6. 4“日期和时间”对话框设置

（21）单击“前进”按钮进入 Kdump（内存崩溃转储）配置，Kdump 工具组合提供了新的崩溃转储功能，以及加快启动的可能，通过跳过引导时的固件，Kdump 可以提供前一个内核的内存转储以调试。单击“确定”按钮，如图 1－43 所示，单击“完成”按钮即可。到此 RHEL 6.4 的安装工作就完成了。

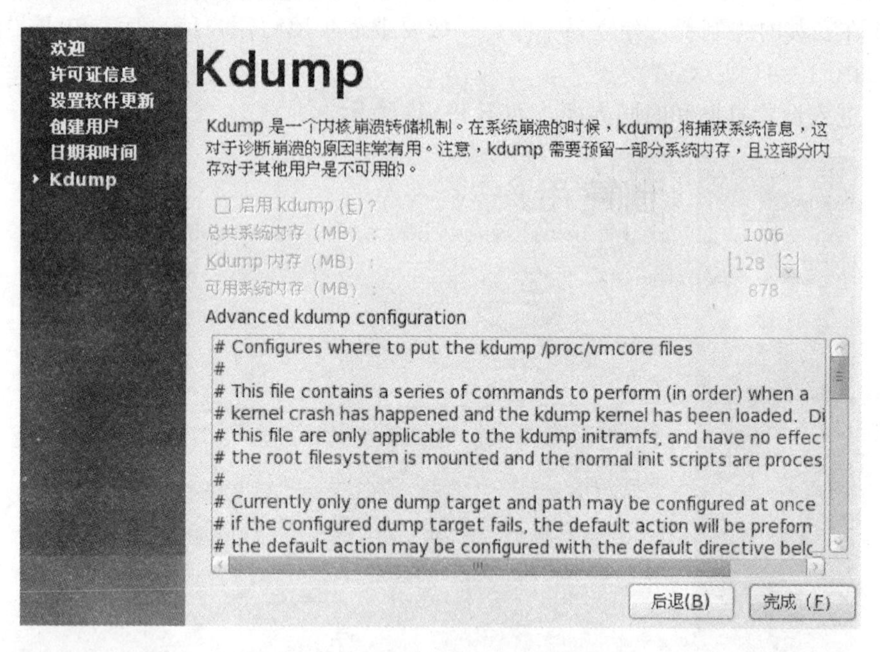

图 1－43　RHEL 6.4 Kdump 配置界面

任务 2　Red Hat Enterprise Linux 登录与退出

【任务描述】

安装好 RHEL 6.4 后需要启动并对它进行相应配置，只有登录成功后才能进入和操作使用 RHEL 6.4 系统，如果使用高版本的虚拟机，安装 RHEL 6.4 有可能会自行跳过设置自动安装英文版，可以通过输入以下命令解决：

```
echo  "export  LANG = "zh_CN.UTF8"" > > /etc/profile
source  /etc/profile
```

【任务分析】

启动虚拟机中的 RHEL 6.4，分别在文本界面和图形界面下输入用户名和密码完成登录操作，RHEL 6.4 默认采用的是图形界面，要想使用文本模式登录，可输入“int3”命令，进入文本登录模式，登录之后分别在文本界面和图形界面下注销和退出 RHEL 6.4。

【任务实施】

1. 图形界面下登录和退出 RHEL 6.4

（1）启动 RHEL 6.4 默认进入图像登录界面，如图 1－44 所示，继续进行配置，需用 root 用户进入，在登录界面选择“其他”，依次输入用户名和密码。

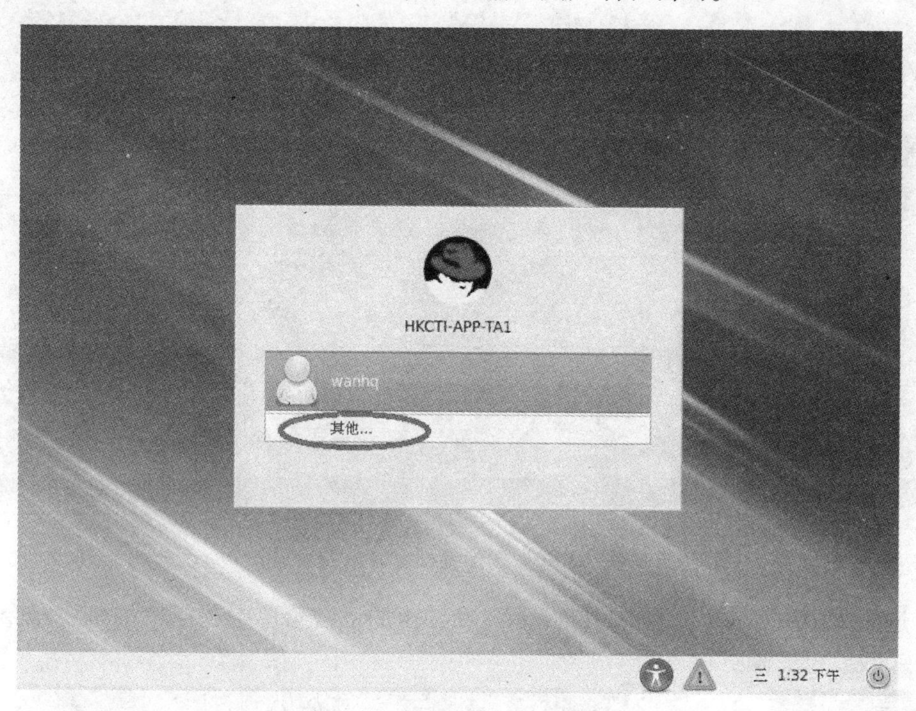

图 1－44　RHEL 6.4 图形登录界面

（2）选择 root 登录后输入密码，单击“登录”按钮后会出现如图 1－45 所示的提示，按图示选择，就可进入登录界面。

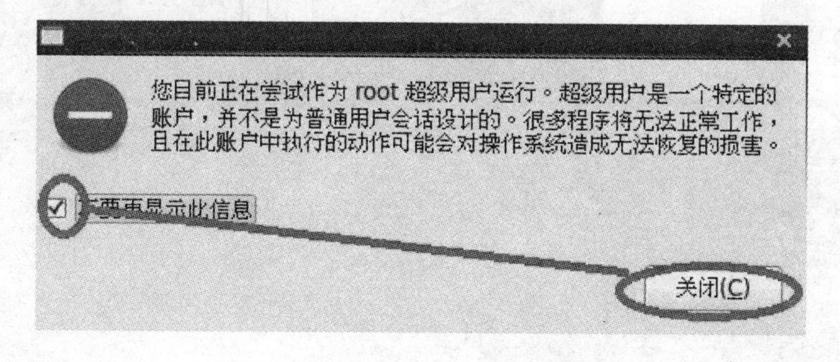

图 1－45　root 用户登录提示界面

（3）登录成功后，界面如图 1－46 所示。

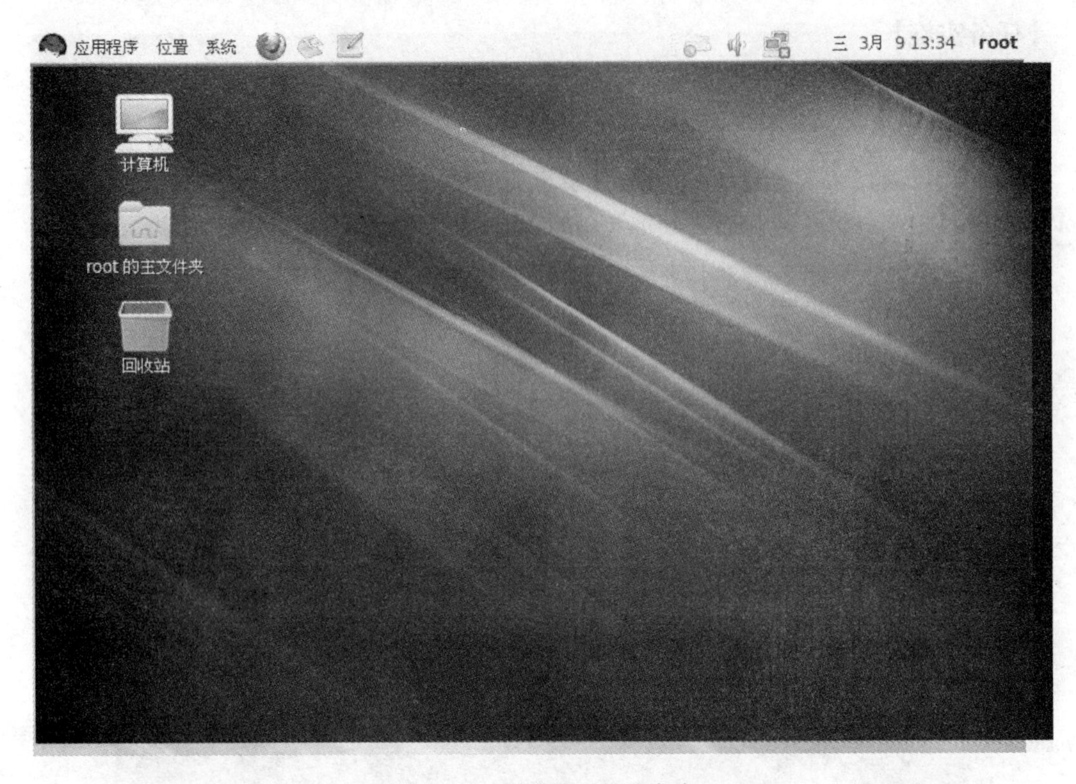

图 1-46　图形界面登录成功

（4）退出 RHEL 6.4，如图 1-47 所示，在弹出的下拉菜单中选择“关机”命令即可。

图 1-47　退出系统菜单

2. 文本界面下登录和退出 RHEL 6.4

（1）切换到文本登录界面，在此界面中输入用户名和密码，注意输入密码时，光标不会移动。登录成功后如图1－48所示。

```
Red Hat Enterprise Linux Server release 6.0 (Santiago)
Kernel 2.6.32-71.el6.i686 on an i686

localhost login: root
Password:
Last login: Mon Dec  8 06:21:40 from 192.168.12.1
-bash: export: `/etc/profile': not a valid identifier
[root@localhost ~]# _
```

图1－48　文本界面登录成功

（2）在文本界面下退出系统，输入"shutdown －h now"命令，即可关机，如图1－49所示。如果是重启系统，输入"shutdown －r"命令即可。

```
Red Hat Enterprise Linux Server release 6.0 (Santiago)
Kernel 2.6.32-71.el6.i686 on an i686

localhost login: root
Password:
Last login: Thu Jun  4 03:50:20 on tty1
-bash: export: `/etc/profile': not a valid identifier
[root@localhost ~]# shutdown -h now_
```

图1－49　文本界面退出系统

任务3　卸载 Red Hat Enterprise Linux

【任务描述】

要卸载 RHEL 6.4 不但要删除 Linux 分区，还要删除相应的引导信息才可以。

【任务分析】

在虚拟机，您安装的 RHEL 认为是一个系统（是个程序）。但站在主机的角度上讲，它只是一个文件而已，所以如果要“卸载”，只是简单地把 RHEL 的文件删除就可以了。具体方法就是把 RHEL 系统关闭后，右击该系统，在弹出的快捷菜单中选择“从磁盘中删除”命令即可。如果是硬盘中的 RHEL，那就要删除引导记录和分区。

【任务实施】

1. 删除 Linux 引导记录

可通过进入 DOS 后运行 fdisk/mbr 命令，然后删除 Linux 分区就可以了。

2. 删除 Linux 分区

可通过输入“parted/dev/sda”，打开指定硬盘，然后输入“print”命令，查看分区表，删除 ID 号为 2 的数据分区，输入“rm 2”就可以了。

【同步实训】

Red Hat Enterprise Linux 注销

注销 RHEL 也有两种方式：文本界面下注销和图形界面下注销。

图形界面下注销用户：选择“系统”→“注销（相应用户名）”菜单命令，注销相应用户，如图 1－50 所示。

图 1－50　RHEL 6.4 图形界面注销用户

注销后图形界面如图 1－51 所示。

文本界面下注销用户：输入命令“logout”或者“exit”即可，如图 1－52 所示。

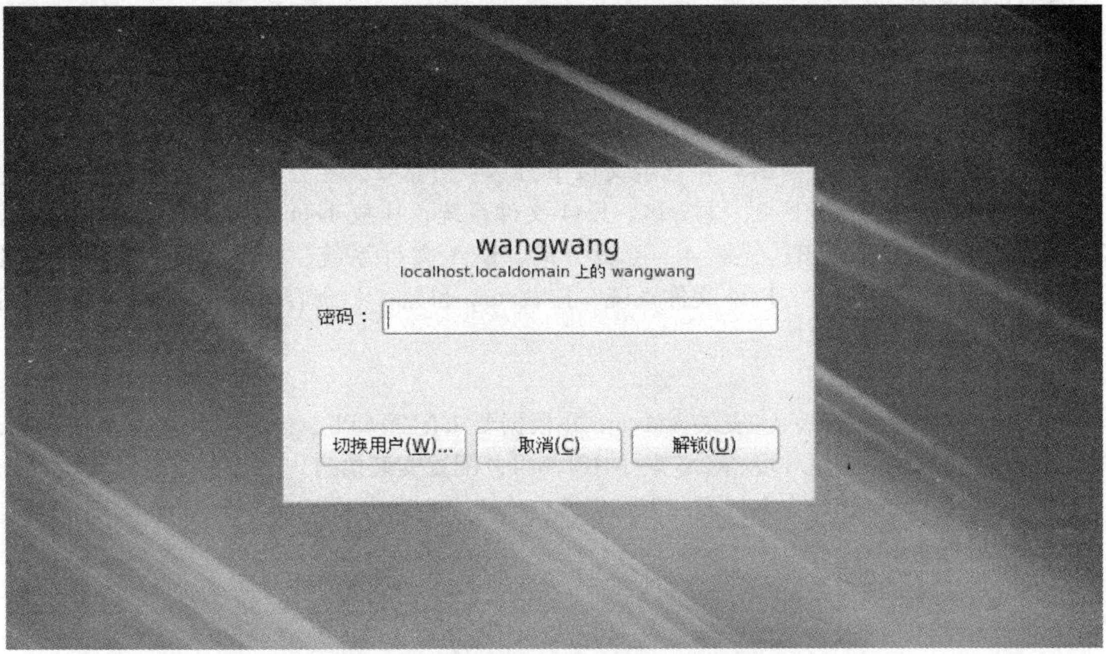

wangwang
localhost.localdomain 上的 wangwang
密码：
切换用户(W)...　取消(C)　解锁(U)

图 1－51　注销用户完成后 RHEL 6.4 图形界面

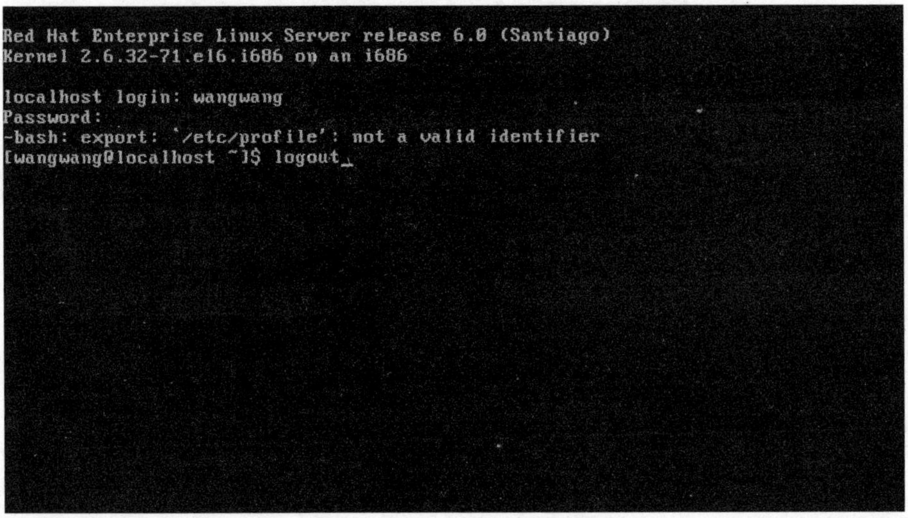

```
Red Hat Enterprise Linux Server release 6.0 (Santiago)
Kernel 2.6.32-71.el6.i686 on an i686

localhost login: wangwang
Password:
-bash: export: `/etc/profile': not a valid identifier
[wangwang@localhost ~]$ logout_
```

图 1－52　RHEL 6.4 文本界面注销用户

实训　RHEL 6.4 的安装、登录、退出

1. 实训目的

（1）掌握使用虚拟机安装 RHEL 6.4 的方法。

（2）掌握 RHEL 6.4 的两种登录方法和退出方法。

2. 实训内容

练习利用 VMware 安装 RHEL 6.4 系统，并能登录和退出系统。

3. 实训练习

安装好 VMware，配置出 RHEL 6.4 安装需要的虚拟机环境：一颗双核 CPU、2GB 内存、80GB 的 SCSI 硬盘，桥接网络。并自定义以下分区：分区 1，主分区，Ext4 文件系统，挂载/目录，容量 20GB；分区 2，主分区，Ext4 文件系统，挂载/boot 目录，容量 1GB；分区 3，swap 分区，容量 2GB；分区 4，逻辑分区，Ext4 文件系统，挂载/home 目录，容量 30GB；分区 5，逻辑分区，Ext4 文件系统，挂载/tmp 目录。剩余容量分别以文本界面和图形界面方式登录、退出系统。

4. 实训分析

要完成这个实训可以：①安装 VMware 并根据要求配置 CPU、内存、硬盘类型和容量、网络连接方式等的虚拟机环境；②安装 RHEL 6.4，配置安装语言，并按要求自定义硬盘分区，挂载目录；③分别以文本界面和图形界面方式登录、退出系统。

5. 实训报告

按要求完成实训报告。

项目 2

Red Hat Enterprise Linux 文件和磁盘管理

【学习目标】

知识目标：

- 了解用户和组群配置文件。
- 熟练掌握 Linux 下用户和组群的创建与维护管理。
- 熟悉用户账户管理器的使用方法。
- 掌握用户特殊权限的命令。
- 理解 Linux 文件系统结构和文件权限管理。
- 掌握文件目录的基本操作。
- 掌握挂载文件系统的命令。

能力目标：

- 会创建、添加、删除和修改用户。
- 会创建、删除用户组。
- 会对 Linux 文件、目录进行基本操作。
- 会挂载文件系统。
- 会在 Linux 中设置软 RAID。
- 会使用 LVM 逻辑卷管理器管理磁盘。

【项目描述】

安装好 RHEL 6.4 后已经熟悉了 Linux 的登录、注销与退出操作，在对一些目录和文件进行操作时，系统会给出“路径错误”或“权限不够”之类的错误提示。而且发现在 Windows 系统中使用很方便的光盘和 U 盘，在 Linux 中又不听使唤，老板又交给我们一个新的任务，那就是根据公司的人员组成，为不同部门的工作人员创建用户并且合理分组，并为不同用户设置不同的权限，以方便公司的管理。本项目将介绍 RHEL 6.4 中文件、目录的基本操作和磁盘的管理以及对用户和用户组的管理与维护。

【任务分解】

学习本项目需要完成 6 个任务，即任务 1，管理用户账户和组群；任务 2，文件目录的基本操作；任务 3，软件包的安装与卸载；任务 4，挂载文件系统；任务 5，在 Linux 中设置软 RAID；任务 6，使用 LVM 逻辑卷管理器。

【问题引导】

- Linux 的用户是什么？

- Linux 的用户组是什么?
- Linux 如何来管理用户和用户组?
- Linux 文件和目录有哪些属性和权限?
- Linux 文件和目录的基本操作有哪些?
- 如何挂载文件系统?

【知识学习】

Linux 操作系统是一个多用户的操作系统，它允许多个用户同时登录到系统上使用系统资源。系统根据账户来区分每个用户的文件、进程、任务，给每个用户提供特定的工作环境（如用户的工作目录、Shell 版本及 X－Window 环境的配置等），使每个用户的工作都能独立不受干扰地进行。任何一个系统资源的使用者，都必须首先向系统管理员申请一个用户账号，每个用户账号都拥有一个唯一的用户名和相应的口令。用户在登录时只有输入正确的用户名和口令后才能进入系统。

对用户（组）的管理工作主要涉及用户（组）账号的添加、修改和删除，用户（组）口令的管理以及为用户（组）配置访问系统资源的权限。这些工作是网络管理员日常最基本的工作任务，也是构建系统安全的最基本的保障。

用户账户是用户的身份标识，用户通过用户账户可以登录到系统，并且访问已经被授权的资源。系统依据账户来区分属于每个用户的文件、进程、任务，并给每个用户提供特定的工作环境，使每个用户都能各自独立不受干扰地工作。

Linux 下的用户可以分为三类。

（1）超级用户。用户名为 root，它具有一切权限，只有进行系统维护（如建立用户等）或其他必要情形下才用超级用户登录，以避免系统出现安全问题。

（2）系统用户（伪用户）。这是 Linux 系统正常工作所必需的内建的用户。主要是为了满足相应的系统进程对文件属主的要求而建立的，如 bin、daemon、adm、lp 等用户。系统用户不能用来登录。

（3）普通用户。这是为了让使用者能够使用 Linux 系统资源而建立的，大多数用户属于此类。

组群是具有相同特性的用户的逻辑集合，使用组群有利于系统管理员按照用户的特性组织和管理用户，提高工作效率。

Linux 中的组有以下 3 种：

（1）基本组（私有组）。建立账户时，若没有指定账户所属的组，系统会建立一个和用户名相同的组，这个组就是基本组，基本组只容纳一个用户。当把其他用户加入到该组中，则基本组就变成了附加组。

（2）附加组（公有组）。可以容纳多个用户，组中的用户都具有组所拥有的权利。

（3）系统组。一般加入一些系统用户。

每一个用户都有一个唯一的身份标识，称为用户 ID（UID）；每一个用户组也有一个唯一的身份标识，称为用户组 ID（GID）。root 用户的 UID 为 0。普通用户的 UID 可以在创建时由管理员指定，如果不指定，用户的 UID 默认从 500 开始顺序编号，如表 2－1 所示。

表2-1　用户和组群的基本概念

条目	含义
用户名	用来标识用户的名称，可以是字母、数字组成的字符串，区分大小写
密码	用于验证用户身份的特殊验证码
用户标识（UID）	用来表示用户的数字标识符
用户主目录	用户的私人目录，也是用户登录系统后默认所在的目录
登录 Shell	用户登录后默认使用的 Shell 程序，默认为/bin/bash
组群	具有相同属性的用户属于同一个组群
组群标识（GID）	用来表示组群的数字标识符

在 Linux 中，用户账号、密码、用户组信息和用户组密码均是存放在不同的配置文件中的，如表2-2所示。

表2-2　用户和组群的文件

文件功能	文件名称
用户账号文件	/etc/passwd
用户密码文件	/etc/shadow
用户组账号文件	/etc/group
用户组密码文件	/etc/gshadow

1. 用户账号文件——/etc/passwd

passwd 是一个文本文件，用于定义系统的用户账号，由于所有用户都对 passwd 有读权限，所以该文件中只定义用户账号，而不保存口令。

passwd 文件中，每行定义一个用户账号，每一行由7个字段的数据组成，字段之间用“:”分隔，其格式为：“账号名称：密码：UID：GID：用户全名：主目录：Shell”，如图2-1所示。

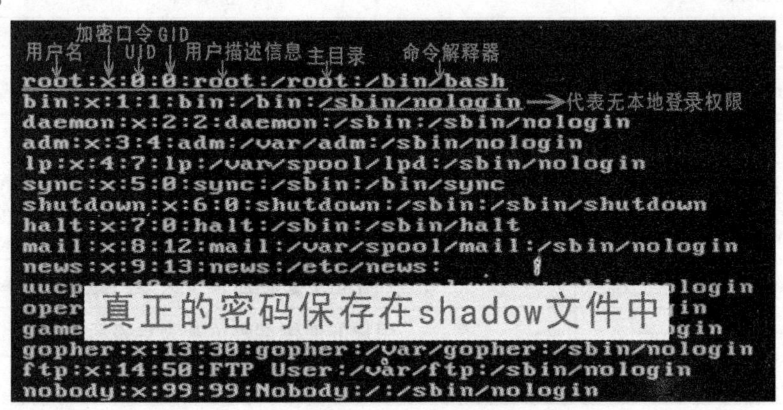

图2-1　passwd 文件内容

字段说明如下。

- 账号名称：用户登录 Linux 系统时使用的名称。
- 密码：这里的密码是经过加密后的密码（一般是采用 MD5 加密方式），而不是真正的密码，若为“x”，说明密码经过了 shadow 的保护。
- UID：用户的标识，是一个数值，用它来区分不同的用户。
- GID：用户所在基本组的标识，是一个数值，用它来区分不同的组，相同的组具有相同的 GID。
- 个人资料：可以记录用户的完整姓名、地址、办公室电话、家庭电话等信息。
- 主目录：类似 Windows 的个人目录，通常是/home/username，这里 username 是用户名，用户执行“cd ~”命令时当前目录会切换到个人主目录。
- Shell：定义用户登录后激活的 Shell，默认是 Bash Shell。

passwd 文件中，第一行是 root 用户，紧接着的是系统用户，普通用户通常在文件的尾部。

2. 用户密码文件——/etc/shadow

每行定义了一个用户信息，行中各字段用“:”隔开。

为提高安全性，用户真实的密码采用 MD5 加密算法加密后，保存在配置文件中。

所有用户对 passwd 文件均可读取，只有 root 用户对 shadow 文件可读，因此密码存放在 shadow 文件中更安全。

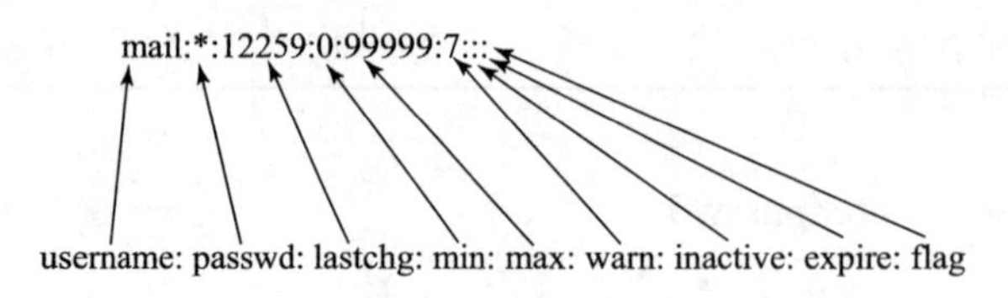

/etc/shadow 文件中的每个记录用“:”隔开，为 9 个域，每个域的含义如表 2-3 所示。

表 2-3　shadow 文件中字段说明

字段	含义
username	登录名
passwd	加密口令
lastchg	上次口令更改时距 1970 年 1 月 1 日的天数
min	两次修改口令间隔最少的天数
max	口令更改后必须再更改的天数（有效期）
warn	提前多少天警告用户口令将过期
inactive	在口令过期后多少天禁用此用户
expire	用户的使用期限，若为空表示无限期
flag	保留未用，以便以后发展之用

3. 用户组账号文件——/etc/group

系统中的每一个文件都有一个用户和一个组的属主。使用“ls -l”命令可以看到每一个文件的属主和组。

系统中的每个组，在/etc/group 文件中有一行记录。

任何用户均可以读取用户组账户信息配置文件。

用户组的真实密码保存在/etc/gshadow 配置文件中。

group 文件中的字段说明如表 2-4 所示。

表 2-4 group 文件中的字段说明

字段	说明
Groupname	组的名字
Passwd	组的加密口令
GID	是系统区分不同组的 ID，在/etc/passwd 域中的 GID 域是用这个数来指定用户的默认组
Userlist	是用“,”分开的用户名，列出的是这个组的成员

RHEL 支持的文件系统：

- ext3 文件系统。
- FAT（适用各种版本的 DOS）。
- NTFS（适用 Windows NT 至 Windows 2000）。
- VFAT 和 FAT32（适用 Windows 9x）。
- HFS（适用 MacOS）。
- HPFS（适用 OS/2）。

利用“ls/lib/modules/2.6.9.5.EL/kernel/fs”可以查看 Linux 系统所支持的文件系统。

Linux 系统采用纯文本文件来保存账号的各种信息，其中最重要的文件有这几个：/etc/passwd、/etc/shadow、/etc/group 等。Linux 用户登录系统过程实质是系统读取、核对/etc/passwd、/etc/shadow、/etc/group 等文件的过程。过程如下：首先，Linux 会出现一个登录系统的画面，提示输入账号与密码；Linux 接着会先找寻/etc/passwd 里面是否有这个账号名，如果没有则退出登录，如果有则将该账号对应的 UID（User ID）与 GID（Group ID）读出来，另外，该账号对应的用户主目录与 Shell 设定也一并读出；核对密码表，这时 Linux 会进入/etc/shadow 里面找出登录账号与 UID 相对应的记录，然后核对刚刚输入的密码与此文件的密码是否符合；若以上核定没有问题，则用户正式进入系统。

Linux 的目录结构：Linux 文件系统使用单一的根目录结构，“/”位于 Linux 文件系统的顶层，所有分区都挂载到“/”下某个目录中，如图 2-2 所示。

在 Linux 系统中有许多系统默认的目录，这些目录按照不同的用途而放置了特定的文件。

- /：根目录，包含整个 Linux 系统的所有目录和文件。
- /bin：此目录放置操作系统运行时所使用的各种命令程序，如 cp、dmesg、kill、login、mv、rm 等常用命令，还有各种不同的 shell，如 bash、bash2 等。

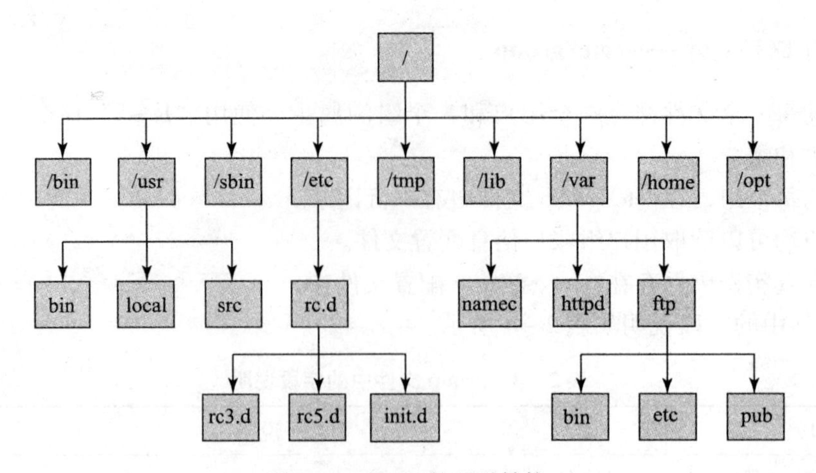

图 2－2　Linux 的目录结构

● /boot：系统启动时必须读取的文件，包括系统内核。

● /dev：存放外围设备代号的文件，如硬盘的/dev/hda、终端机的/dev/tty0 等。

● /etc：放置与系统设置、管理相关的文件，如 passwd、shadow 以及 LILO 配置文件 lilo. conf 等。

● etc/rc. d：包含了开机或关机时所执行的 script 文件。

● /etc/X11：X Window 配置文件的目录。

● /home：此目录为默认用来放置账号的家目录。

● /lib：放置一些共用的函数库。

● /lib/modules：存放系统内核的块。

● /lost + found：存放一些系统检查结果，把发现的一些不合法的文件或数据都存放在这里。通常此目录为空。

● /mnt：默认含有/mnt/cdrom 和/mnt/floppy 两个目录，用来作为光盘与软盘的挂载点。

● /proc：是一个虚拟文件系统，它存放当前内存映像，主要用于在不重启动机器的情况下管理内核。

文件是操作系统用来存储信息的基本结构，通过文件名来标识。Linux 文件命名规则如下：

● 大小写敏感。

● 除了“/”之外，所有的字符都合法。

● 避免使用加号、减号或者“.”作为普通文件的第一个字符。

● 避免使用空格、制表符、退格符和字符@ 、#、$ 、%、^、&、*、( )、[ ]。

Linux 系统中有以下 3 种基本的文件类型：

● 普通文件，包括文本文件、数据文件、可执行的二进制程序文件等。

● 目录文件，Linux 系统把目录看成是一种特殊的文件，利用它构成文件系统的树形结构。

● 设备文件，Linux 系统把每一个设备都看成是一个文件。

在 Linux 中，文件的拥有者可以将文件设置成 3 种属性，即可读（r）、可写（w）和可

执行（x）。文件又分为 3 个不同的用户级别，即文件的拥有者（u）、文件的所属组（g）及其他用户（o）。

在 Linux 中，文件信息如图 2－3 所示。

```
drwxr-xr-x   3 root    root    4096 2012-05-05 02:01 SAPGUI
lrwxrwxrwx   1 root    root       7 2012-04-21 22:16 x001.txt -> readme.txt
-rw-r--r--   1 root    root      72 2012-03-03 20:24 setup.log
-rwxr-xr-x   1 root    root     268 2012-03-13 15:44 test
|  |         | |       |        |    |         |      |
文件 访问   文件数 属主   属组    文件大小 建档日期 建档时间 文件名
类型 权限
```

图 2－3　文件信息

在 Linux 系统中，用户对文件或目录的访问权限，除了 r（读取）、w（写入）、x（执行）3 种一般权限外，还有 SET UID（SUID）、SET GID（SGID）、Sticky Bit（SBit，黏滞位）3 种特殊权限，用于对文件或目录进行更加灵活、方便的访问控制。

理解绝对路径与相对路径：

（1）绝对路径。由根目录（/）开始写起的文件名或目录名称，如/home/dmtsai/basher。

（2）相对路径。相对于目前路径的文件名写法，如/home/dmtsai 或 ../../home/dmtsai/等。

技巧：开头不是“/”的就属于相对路径的写法。

任务 1　管理用户账户和组群

【任务描述】

作为系统管理员，必须对用户以及用户组进行管理与维护，赋予他们不同的权限。为了安全起见，要合理地布局公司的用户和用户组，以方便公司的管理。

【任务分析】

要对公司的用户以及用户组进行管理与维护，必须创建用户，可以为同一部门或者相同属性的用户创建组，并加入用户，还要对不再使用的用户和组群进行修改和删除。

【任务实施】

1. 管理用户账户

（1）新建用户——useradd 命令。

先用 root 用户登录后，再执行 useradd 命令。

```
#useradd [选项] <username>
```

常用选项：

- －d　目录——指定用户主目录，如果此目录不存在，则同时使用－m 选项，可以创建主目录，默认值是/home/用户名。

- -e　YYYY-MM-DD——设置账号的失效日期，此日期后用户将不能使用该账号。要启用 shadow 才能使用此功能。
- -f　days——指定密码到期后多少天永久停止账号，若指定为0，则立即被停权；为-1，则关闭此功能。
- -g　用户组——设定用户所属基本组（或使用 GID 号），该组在指定时必须已存在。
- -G　用户组列表——设定用户所属附属组（或使用 GID 号），各组在指定时已存在，附属组可以有多个，组之间用“,”分隔开。
- -m——若用户主目录不存在，则创建主目录（在 Red Hat 系列中此选项可省略）。
- -M——不创建用户主目录。
- -p　口令——指定用户登录密码（加密的口令）。
- -s　Shell——设置用户登录后启动的 Shell，默认是 bash。
- -u　用户号——设置账号的 UID，默认是已有用户的最大 UID 加1。如果同时有-o 选项，则可以重复使用其他用户的标识号。

例如，创建一个名为 zhangsan 的用户，并作为 student 用户组的成员：

```
#useradd  -g  student  zhangsan
#tail  -1  /etc/passwd        #显示最后一行的内容
zhangsan:x:502:500::/home/zhangsan:/bin/bash
```

该命令做了下面几件事：

- 在/etc/passwd 和/etc/group 文件中增添了一行记录。
- 创建新用户的主目录。
- 从/etc/skel 中复制文件和目录到用户主目录。
- 让新用户获得其主目录和文件拥有的权限。

但是使用了该命令后，新建的用户暂时还无法登录，因为还没有为该用户设置口令，需要再用 passwd 命令为其设置口令后才能登录。用户的 UID 和 GID 是 useradd 自动选取的，它是将/etc/passwd 文件中的 UID 加1，将 etc/group 文件中的 GID 加1。

增加新用户时，系统将为用户创建一个与用户名相同的组，称为私有组。这一方法是为了能让新用户与其他用户隔离，确保安全性的措施。

（2）为用户账号设置密码——passwd 命令。

只有 root 用户才有权设置指定账户的密码，一般用户只能设置或修改自己账户的密码。Linux 的账户必须设置密码后才能登录系统。

```
passwd  [选项]  [账户名]
```

常用选项：

- -d——清空指定用户的口令。这与未设置口令的账户不同，未设置口令的账户无法登录系统，而口令为空的账户可以。
- -f——强迫用户下次登录时必须修改口令。
- -i——口令过期后多少天停用账户。
- -l——锁定（停用）用户账户。
- -n——指定口令的最短存活期。

- -S——显示账户口令的简短状态信息（是否被锁定）。
- -u——解锁用户账户。
- -x——指定口令的最长存活期。
- -w——口令要到期前提前警告的天数。
- 如果缺省用户名，则表示修改当前用户的口令。

要设置 zhang3 账户的登录密码，则操作命令为：

```
#passwd  zhang3
Changing password for user lijunjie.
New password:                    #输入密码
Retype new password:             #重输密码
passwd:all authentication tokens updated successfully.
```

（3）修改用户账号属性——usermod 命令。

```
usermod  [选项]  username
```

常用的选项包括 -c、-d、-m、-g、-G、-s、-u 及 -o 等，这些选项的意义与 useradd 命令中的选项一样，可以为用户指定新的资源值。另外，还可以使用以下选项：

- -l　新用户名——更改账户的名称，必须在该用户未登录的情况下才能使用。
- -L——锁定（暂停）用户账户，使其不能登录使用。
- -U——解锁用户账户。

①改变用户账户名。

```
usermod  -l  新用户名  原用户名
```

例如，将用户 zhangsan 更名为 zhang3：

```
#usermod  -l  zhangsan  zhang3
#tail  -1  /etc/passwd
 zhang3:x:503:503::/home/lijie:/bin/bash
```

从输出结果可见，用户名已更改为了 zhang3。主目录仍为/home/zhangsan，若要将其更改为/home/zhang3，则命令为：

```
#usermod  -d  /home/zhang3  zhang3
```

②锁定账户——临时禁止用户登户。

命令：usermod　-L　要锁定的账户

例如：

```
usermod  -L  zhang3
```

Linux 锁定账户，是通过在密码文件 shadow 的密码字段前加“!”来标识该用户被锁定。

③解锁账户。

命令：usermod　-U　要解锁的账户

例如：

```
usermod  -U  zhang3
```

（4）删除用户账号——userdel 命令。

命令：userdel　[-r]　账户名

-r——在删除该账户的同时，一并删除该账户对应的主目录。

例如：

```
userdel  -r  zhang3
```

（5）用户间切换——su（substitute user）命令。

```
#su  [用户名]
```

su 命令的常见用法是变成根用户或超级用户，如果发出不带用户名的 su 命令，则系统提示输入根口令，输入之后则可转换为根用户。

如果登录为根用户，则可以用 su 命令成为系统上任何用户而不需要口令。

2. 管理用户组

（1）新建用户组——groupadd 命令。

命令：groupadd [-r] 用户组名称

-g GID——指定新用户组的组标识号（GID），默认值是已有的最大的 GID 加 1。

-r——创建系统用户组，该类用户组的 GID 值小于 500；若无 -r 参数，则创建普通用户组，其 GID 值不小于 500。在前面创建的 student 用户组，由于是创建的第 1 个普通用户组，故其 GID 值为 500。

创建一个名为 sysgroup 的系统用户组，则操作命令为：

```
#groupadd  -r  sysgroup
#tail  -1  /etc/group
sysgroup:x:101:
```

（2）添加/删除组成员——gpasswd 命令。

命令：gpasswd [选项] [用户] [组]

只有 root 用户和组管理员才能够使用这个命令。

选项：

-a——把用户加入组。

-d——把用户从组中删除。

-M——可同时添加多个用户。

-A——给组指派管理员。

将 zhang3、li4 用户同时加入 group1 组，并指派 zhang3 为管理员：

```
[root@ dyzx ~]#gpasswd  -M zhang3,li4  group1
[root@ dyzx ~]#tail  -1 /etc/group
group1:x:1000:zhang3,li4
[root@ dyzx ~]#gpasswd  -A zhang3  group1
```

（3）修改用户组属性——groupmod 命令。

命令： groupmod 选项 用户组

常用选项：

-g GID——为用户组指定新的组标识号。

-n 新用户组——将用户组的名字改为新名字；修改用户组的名称和用户组的 GID 值。

①改变用户组名称。

命令：groupmod　-n　新用户组名　原用户组名

对用户组更名，不会改变其 GID 值。

例如，将 sysgroup 用户组更名为 teacher 用户组，则操作命令为：

```
#groupmod  -n  teacher  sysgroup
#tail -1 /etc/group
teacher:x:101:
```

②重设用户组的 GID。用户组的 GID 值可以重新进行设置修改，但不能与已有用户组的 GID 值重复。

对 GID 进行修改，不会改变用户名的名称。

命令：groupmod　-g　新 GID　用户组名

例如，若要将 teacher 组的 GID 更改为 501，则操作命令为：

```
#groupmod  -g  501  teacher
#grep  teacher  /etc/group
```

#在/etc/group 文件中查找并显示含有 teacher 的行

```
teacher:x:501:
```

（4）删除组账户——groupdel 命令。

命令：groupdel　用户组名

例如：

```
groupdel  teacher
```

在删除用户组时，被删除的用户组不能是某个账户的私有用户组，否则将无法删除。若要删除，则应先删除引用该私有用户组的账户，然后再删除用户组。

任务2　文件目录的基本操作

【任务描述】

作为系统管理员仅仅对用户和用户组进行管理与维护是不够的，还要对文件和目录进行相应操作及权限的设置。

【任务分析】

要对文件和目录进行相应操作及权限的设置，必须先掌握文件目录和文件的基本操作命令，再对其进行权限的设置。

【任务实施】

1. 文件目录操作命令的使用

（1）查看当前的工作目录（Print Working Directory）——pwd 命令。

```
pwd
#pwd
```

/root

(2) 改变工作目录（Change Directory）——cd 命令。

基本用法：

cd 目录名

进入指定的目录，使该目录成为当前目录。

cd ~或 cd

进入当前用户的主目录，使主目录成为当前目录。

cd..

返回上一级目录。“..”代表上一级目录，“.”代表当前目录。

cd../../

返回上二级目录，其余依次类推。

cd/

返回到根目录。

cd -

在最近访问过的两个目录之间快速切换。

cd ~用户名

进入指定用户的主目录。

(3) 列表（list）显示目录内容——ls 命令。

功能：列出一个或多个目录下的文件或子目录列表。

该命令的语法格式为：

ls ［选项］ 文件名或目录名 ［|more］

常用选项：

-a——显示所有子目录和文件的信息，包括名称以“.”开头的隐藏目录和隐藏文件。

-A——与 -a 选项的作用类似，但不显示表示当前目录的“.”和表示父目录的“..”。

-c——按文件的修改时间排序后予以显示。

-d——显示指定目录本身的信息，而不显示目录下的各个文件和子目录的信息。

-h——以更人性化的方式显示出目录或文件的大小，默认的大小单位为字节，使用 -h 选项后将显示为 K、M 等单位。此选项需要和 -l 选项结合使用才能体现出结果。

-l——以长格式显示文件和目录的详细信息，ls 命令默认只显示名称的短格式。

-R——以递归的方式显示指定目录及其子目录中的所有内容。

(4) 创建新的目录（make directory）——mkdir 命令。

功能：创建新的目录。

该命令的语法格式为：

mkdir ［-p］ ［/路径/］目录名

例如，若要在 root 用户的主目录中创建一个 mysoft 目录，则实现的命令为：

#mkdir ~/mysoft

-p——可快速创建出目录结构中指定的每个目录，对于已存在的目录不会被覆盖。

#mkdir -p /srv/www/images

该条命令等价于以下命令：

```
#mkdir    /srv/www
#mkdir  /srv/www/images
mkdir  -p  /1/2/3/4/5
```

(5) 统计目录及文件的空间占用情况——du 命令。

功能：du 命令用来查看某个目录中的各级子目录所占用的磁盘空间数。

该命令的语法格式为：

du [选项] [目录名]

如果不跟目录名，则默认为当前目录。

du 命令的常用选项有：

-a——统计磁盘空间占用时包括所有的文件，而不仅仅只统计目录。

-s——只统计每个参数所占用空间总的大小，而不是统计每个子目录、文件的大小。

2. 文件操作命令的使用

(1) 复制（copy）文件或目录——cp 命令。

功能：目录或文件的复制。

该命令的语法格式为：

cp [选项] 源文件 目标文件

常用选项含义如下：

-a——通常在复制目录时使用。它保留链接、文件属性，并递归地复制目录。

-d——复制时保留链接。

-f——在覆盖已经存在的目标文件时不提示。

-i——在覆盖目标文件之前将给出提示要求用户确认，回答“y”时目标文件将被覆盖，是交互式复制。

-p——此时 cp 除复制源文件的内容外，还将其修改时间和访问权限也复制到新文件中。

-r——若给出的源文件是一目录文件，此时 cp 将递归复制该目录下所有的子目录和文件。此时目标文件必须为一个目录名。

-l——不作复制，只是链接文件。

(2) 移动（move）文件或目录——mv 命令。

功能：用于移动或重命名目录或文件。

该命令的格式如下：

mv [选项] 源目录或文件名 目标目录或文件名

①移动文件或目录。若源路径与目标路径不同，则移动目录或文件，若源文件名或目录名与目标文件名或目录名也不相同，则在移动过程中还会对其更名。

在移动时，若目标文件已存在，则会自动覆盖，除非使用 -i 选项。若目标目录已存在，则将源目录连同该目录下面的子目录移动到目标目录中。

②更名文件或目录。若路径相同，仅文件名或目录名不相同，则更名文件或目录。

```
#mv  ~/mydoc/test.doc   ~/mydoc/mywork.doc
```

（3）删除（remove）文件或目录——rm 命令。

功能：删除文件或目录，可包含一个或多个文件名（各文件间用空格分隔）或用通配符表达，以实现删除多个文件或目录。

该命令的语法格式为：

```
rm ［选项］ 文件或目录名及路径
```

-f——在覆盖已经存在的目标文件时不提示。

-i——在覆盖目标文件之前将给出提示要求用户确认。回答“y”时目标文件将被覆盖，是交互式复制。

-r——递归删除整个目录树。

例如，若要直接删除/root/mysoft 目录树，则实现命令为：

```
#rm  -rf  /root/mysoft
```

（4）新建空文件——touch 命令。

功能：用于更新指定的文件或目录的访问和修改时间为当前系统的日期和时间。若指定的文件不存在，则以指定的文件名自动建一个空文件。

该命令的语法格式为：

```
touch  文件名列表
```

常用选项：

-d yyyymmdd——把文件的存取或修改时间改为 yyyy 年 mm 月 dd 日。

-a——只把文件的存取时间改为当前时间。

-m——只把文件的修改时间改为当前时间。

（5）为文件或目录建立链接（link）——ln 命令。

功能：在不同的地方，用到相同的文件或目录，减少存储空间、保证文件的一致性。

该命令的语法格式为：

```
ln[-s]  被链接的源文件或目录  链接文件或目标目录
```

s——建立符号链接文件（省略此项则建立硬链接）。

符号链接：指向原始文件所在的路径，又称为软链接，与 Windows 中的快捷方式类似。

硬链接：指向原始文件对应的数据存储位置。

不能为目录建立硬链接文件。

硬链接与原始文件必须位于同一分区（文件系统）中。

```
#touch  /tmp/test1.txt
#ln  -s  /tmp/test1.txt  /test1.txt
```

（6）查找可执行文件并显示所在位置——whereis 命令。

功能：寻找一个可执行文件所在的位置。例如，最常用的 ls 命令，它是在/bin 这个目录下的。如果希望知道某个命令存在哪一个目录下可以使用 whereis 命令。

该命令的语法格式为：

```
whereis ［选项］ 命令名称
```

whereis 命令的常用选项有：

-b——只查找二进制文件。

-m——只查找命令的联机帮助手册部分。

-s——只查找源代码文件。

（7）查找文件或目录——find 命令。

功能：强大的文件和目录查找命令。

该命令的语法格式为：

```
find [路径] [查找条件表达式]
```

“查找条件表达式”主要有以下几种类型：

-name　文件名——查找指定名称的文件。文件名中可使用“*”及“?”通配符。

-user　用户名——查找属于指定用户的文件。

-group　组名——查找属于指定组的文件。

-size　n——查找大小为 n 块的文件，一块为 512 B。符号“+n”表示查找大小大于 n 块的文件；符号“-n”表示查找大小小于 n 块的文件；符号“nc”表示查找大小为 n 个字符的文件。

-inum　n——查找索引节点号为 n 的文件。

-type　文件类型符——查找指定类型的文件。文件类型符有 f（普通文件）、d（目录）、b（块设备文件）、c（字符设备文件）、l（符号链接文件）、p（管道文件）等。

-perm　mode——查找与给定权限匹配的文件，必须以八进制的形式给出访问权限。

-exec　command {} \ ；——对匹配指定条件的文件执行 command 命令。

3. 文件内容浏览命令的使用

（1）查看文本文件的内容——cat 命令。

该命令的语法格式为：

```
cat [-n] 文件名列表
```

-n——在每行前加上行号。

文件名可使用通配符。

举例：

```
#cat /usr/share/doc/ppp-2.4.4/README
//显示当前系统的发行版本
#cat /etc/issue
Red Hat Enterprise Linux Server release 5.1(Tikanga)
Kernel \r onan \m
//显示当前系统使用的文件系统类型
#cat /proc/filesystems
```

（2）分页查看文件内容——more 和 less 命令。

功能：分屏显示文件的内容。

该命令的语法格式为：

```
more|less 文件名
```

-N——在每行前加上行号。

交互操作方法：

- 按 Enter 键向下逐行滚动。

- 按空格键向下翻一屏、按 b 键向上翻一屏。
- 文件末尾时 more 会自动退出，less 按 q 键退出。

less 与 more 基本类似，但个别操作会有些出入。

（3）查看文件开头或末尾的部分内容——head 和 tail 命令。

功能：查看一个文件前面或后面部分的信息，默认显示前面 10 行的内容，也可指定要查看的行数。

该命令的语法格式为：

head |tail - 要查看的行数　文件名

-f——实现不停地读取和显示文件的内容，以监视文件内容的变化。

（4）统计文件内容中的单词数量（word count）等信息——wc 命令。

功能：计算并显示文件内容中包含的行数、单词数、字节数等信息。

该命令的语法格式为：

wc　[选项]　文件名列表

常用选项：

-c——统计文件内容中的字节数。

-l——统计文件内容中的行数。

-w——统计文件内容中的单词个数。

（5）检索、过滤文件内容——grep 命令。

功能：在指定的文件中查找并显示含有指定字符串的行。

该命令的语法格式为：

grep　[选项]　要找的字串　文本文件名

-i——查找时忽略大小写。

-v——反转查找，输出与查找条件不相符的行。

```
#grep  alipay  /var/log/maillog
```

例如，在当前目录下的所有文件中查找输出包含 alipay 关键字的行，命令为：

```
#grep  alipay  *
```

4. 文件压缩和归档命令的使用

（1）制作压缩文件或解开已压缩文件——gzip 命令。

该命令的语法格式为：

gzip　[选项]　文件 1 或目录 1　[文件 2 或目录 2] ……

常用选项有：

-v——对每一个压缩和解压的文件，显示文件名和压缩比等提示信息。

-d——将压缩文件进行解压。

-r——递归式地查找指定目录，并压缩其中的所有文件或者是解压缩。

-num——用指定的数字 num 调整压缩的速度，-1 或 --fast 表示最快压缩方法（低压缩比），-9 或 --best 表示最慢压缩方法（高压缩比）。系统默认值为 6。

（2）制作归档文件或释放已归档的文件——tar 命令。

这是一种标准的文件打包格式。

利用tar命令可将要备份保存的数据打包成一个扩展名为.tar的文件，以便于保存。需要时再从.tar文件中恢复即可。

tar命令实现tar包的创建或恢复。

生成的tar包文件的扩展名为.tar。

负责将多个文件打包成一个文件，但不压缩文件。

再配合其他压缩命令（如gzip或bzip2），来实现对tar包进行压缩或解压缩。

tar命令内置了相应的参数选项，来实现直接调用相应的压缩、解压缩命令，以实现对tar文件的压缩或解压。

该命令的语法格式为：

```
tar  参数  目录或文件列表
```

常用参数：

-t——查看包中的文件列表。

-x——释放包。

-c——创建包。

-r——增加文件到包文档的末尾。

其他辅助功能参数：

-z——代表.gz格式的压缩包。

-j——代表.bz或.bz2格式的压缩包。

-f——用于指定包文件名。

-v——表示在命令执行时显示详细的提示信息。

-C——用于指定包解压释放到的目录路径，用法为：-C 目录路径名。

①创建tar包。

功能：将指定的目录或文件打包成扩展名为.tar的包文件。

命令格式如下：

```
tar  -cvf  tar包文件名  要备份的目录或文件名列表
```

c——创建。

v——输出相关信息。

f——对普通文件操作。

例如，将/etc目录下的文件打包成mylinux_etc.tar：

```
#tar  -cvf  mylinux_etc.tar  /etc/*
```

②创建压缩的tar包。

命令格式为：

```
tar  -[z|j]cvf 压缩的tar包文件名  要备份的目录或文件名
```

直接生成的tar包没有压缩，为节省磁盘空间，通常需要生成压缩格式的tar包文件，此时可在tar命令中增加使用-z或-j参数，以调用gzip或bzip2程序对其进行压缩，压缩后的文件扩展名分别为.gz、bz或bz2。

例如，将/etc目录下的文件打包并压缩为mylinux_etc.tar.gz，则实现的命令为：

```
#tar  -zcvf  mylinux_etc.tar.gz  /etc
```

在当前目录中就会生成mylinux_etc.tar.gz文件。

要打包并压缩为 .bz2 格式的压缩包，则实现命令为：

```
#tar  -jcvf  mylinux_etc.tar.bz2  /etc
```

③查询 tar 包中文件列表。

命令语法格式为：

```
tar  -t[z|j][v]f  tar 包文件名
```

在释放解压 tar 包文件之前，有时需要了解一下 tar 包中的文件目录列表，此时可使用带 -t 参数的 tar 命令来实现。

例如，要查询 mylinux_etc. tar 中的文件目录列表的命令为：

```
#tar  -tf  mylinux_etc.tar
```

要显示文件列表中每个文件的详细情况，可增加使用 -v 参数：

```
#tar  -tvf  mylinux_etc.tar
```

要查看 .gz 压缩包中的文件列表，则还应增加使用 -z 参数：

```
#tar  -tzvf  mylinux_etc.tar.gz
```

若要查看 .bz 或 .bz2 格式的压缩包的文件列表，则应增加 -j 参数：

```
#tar  -tjvf  mylinux_etc.tar.bz2
```

④释放 tar 包。

```
tar  -[z|j]xvf  tar 包文件名  [-C  目标位置]
```

x——释放 tar 包。

对 .gz 格式的压缩包，增加 -z 参数；对 .bz 或 bz2 格式的压缩包，增加 -j 参数。

释放软件包 httpd-2. 0. 50. tar. gz 的命令：

```
#tar  -zxvf  httpd-2.0.50.tar.gz  -C  /usr/src
```

释放软件包 iptables-1. 2. 8. tar. bz2 的命令：

```
#tar  -jxvf  iptables-1.2.8.tar.bz2
```

tar 命令的参数前也可不要“-”。

要解压缩 zip 文件，则直接使用 unzip 命令。例如：

```
#unzip  mysoft.zip
```

5. 设置文件和目录的一般权限

（1）修改文件或目录的权限—chmod（change mode）命令。

格式 1：

```
chmod  [-选项][ugoa]  [+-=]  [rwx]  文件或目录……
```

格式 2：

```
chmod  [-选项]  nnn  文件或目录……
```

只有文件或目录的拥有者或 root 用户才有更改权。

-R——可递归设置指定目录下的全部文件。

权限值的两种表示方法：

- 使用 3 位的八进制数表示。
- 使用字符串表示。

①权限值的表示方法 1——使用 3 位的八进制数表示。

例如，myfile.txt 文件目前的权限为 rw-r--r--，若要更改为 rw-rw-r--，其命令为：

```
#chmod 664 /home/liyang/myfile.txt
```

rwx 表示的权限	二进制数表示	权限的八进制数表示	权限含义
---	000	0	无任何权限
--x	001	1	可执行
-w-	010	2	可写
-wx	011	3	可写和可执行
r--	100	4	可读
r-x	101	5	可读和可执行
rw-	110	6	可读和可写
rwx	111	7	可读、可写和可执行

②权限值的表示方法 2——使用字符串表示。

```
chmod [-R]{[ugoa][+-=][rwxst]} <文件名或目录名>
```

用户对象 +｜-｜= 权限符

用户对象：

u——拥有者。

g——拥有者所属的用户组。

o——其他用户。

a——所有的。

+——增加某项权限。

-——去掉某项权限。

=——赋予某项权限。

权限符——r、w、x、s。

若通过 r、w、x、s 表示方式来更改权限，则只需在 chmod 命令中表达出权限需要改变的部分即可，该方法可视为相对修改法。

（2）修改文件或目录的属主和属组—chown（change owner）命令。

修改文件或目录的拥有者。

```
chown [-选项] 新属主[:[新属组]] 被改变归属的文件或目录
```

-R——可递归设置指定目录下的全部文件（包括子目录和子目录中的文件）的所属关系。

用空格分隔列表中多个文件名或目录名。

例如，若要设置/var/software 目录的属主为 angel 用户和 angel 用户组，则设置方法为：

```
#chown angel.angel /var/software
```

例如，假设 ~/setup.sh 文件的权限当前为 rw-rw-r--：

若要修改为 rw-r-----，则更改命令为：

```
#chmod g-w ~/setup.sh
#chmod o-r ~/setup.sh
```

若要给其他用户增加读的权限，则命令为：

```
chmod  o+r  ~/setup.sh
```

若要同时去掉用户组和其他用户对该文件的读权限，则实现命令为：

```
chmod  go-r  ~/setup.sh
```

若文件拥有者、用户组和其他用户都只赋予读的权限，则实现命令为：

```
chmod  ugo=r  ~/setup.sh
```

（3）设置文件和目录的特殊权限。

为文件或目录添加 3 种特殊权限同样可以通过 chmod 命令来实现，使用“u±s”“g±s”“o±t”的字符权限模式分别用于添加和移除 SUID、GUID、sticky 权限。若使用数字形式的权限模式，可采用“nnnn”格式的 4 位八进制数字表示，其中，后面 3 位是一般权限的数字表示，前面第一位则是特殊权限的标志数字，0 表示不设置特殊权限，1 表示只设置 sticky，2 表示只设置 GUID 权限，3 表示只设置 SUID 和 sticky 权限，4 表示只设置 SUID 权限，5 表示只设置 SUID 和 sticky 权限，6 表示只设置 SUID 和 SGID 权限，7 表示同时设置 SUID、GUID、sticky 这 3 种权限。

（4）设置新建文件或目录的默认权限。

在 Linux 系统中，当用户创建一个新的文件或目录时，系统都会为新建的文件或目录分配默认的权限，该默认权限并不是继承了上级目录的权限，而是与 umask 值（称为权限掩码）有关，其具体关系是：

新建文件的默认权限 =0666 - umask 值

新建目录的默认权限 =0777 - umask 值

6. vim 文本编辑器的使用

vi（visual interface）是 Linux 和 UNIX 中功能最为强大的全屏幕文本编辑器，而不只是一个排版程序。

vim 没有菜单，只有命令，且命令繁多。只要在命令行上输入 vim 就可进入 vim 的编辑环境。

（1）启动 vim 编辑器。

```
vim 文件名
vim
```

启动 vi 编辑器，并自动进入命令模式。

（2）切换 vim 的工作模式。

命令模式（Command mode）供用户执行命令，以对文档进行管理。不管用户当前处于何种模式，只要按 Esc 键，则立即进入命令模式。

输入模式（Insert mode）可输入内容。

末行模式（Last line mode）让用户做一些与输入文字无关的事，如搜索替换字符、保存文件或结束编辑等，如图 2-4 所示。

命令模式下的常用命令如表 2-5 所示。

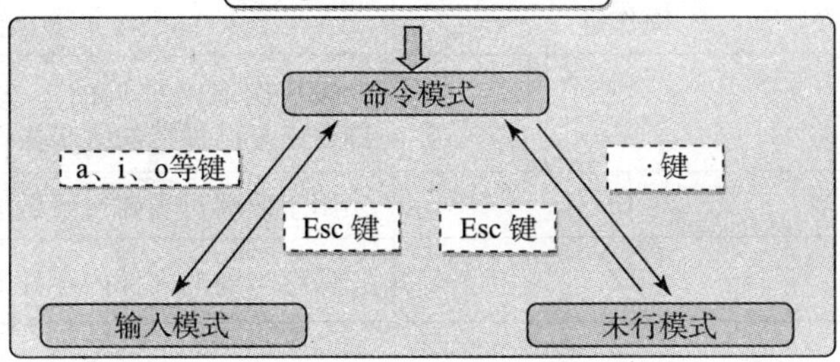

图 2－4　vim 工作模式间的切换

表 2－5　命令模式下的常用命令

操作类型	操作键	功能
光标方向移动	↑、↓、←、→	上、下、左、右
翻页	Page Down 或 Ctrl + F	向下翻动一整页内容
	Page Up 或 Ctrl + B	向上翻动一整页内容
行内快速跳转	Home 键或“^”、数字“0”	跳转至行首
	End 键或“ $ ” 键	跳转到行尾
行间快速跳转	1G 或者 gg	跳转到文件的首行
	G	跳转到文件的末尾行
	#G	跳转到文件中的第#行
行号显示	:set nu	在编辑器中显示行号
	:set nonu	取消编辑器中的行号显示
删除	x 或 Del	删除光标处的单个字符
	dd	删除当前光标所在行
	#dd	删除从光标处开始的#行内容
	d^	删除当前光标之前到行首的所有字符
	d $	删除当前光标处到行尾的所有字符
复制	yy	复制当前行整行的内容到剪贴板
	#yy	复制从光标处开始的#行内容
粘贴	p	将缓冲区中的内容粘贴到光标位置处之后
	P	粘贴到光标位置处之前
文件内容查找	/word	自上而下在文件中查找字符串“word”
	? word	自下而上在文件中查找字符串“word”
	n	定位下一个匹配的被查找字符串
	N	定位上一个匹配的被查找字符串

续表

操作类型	操作键	功能
撤销编辑及保存退出	u	按一次取消最近的一次操作，多次重复按 u 键，恢复已进行的多步操作
	U	用于取消对当前行所做的所有编辑
	ZZ	保存当前的文件内容并退出 vi 编辑器

末行模式中的基本操作如表 2 -6 所示。

表 2 -6　末行模式下的常用命令

功能	命令	备注
保存文件	:w	
	:w/root/newfile	另存为其他文件
退出 vi	:q	未修改退出
	:q!	放弃对文件内容的修改，并退出 vi
保存文件退出 vi	:wq	
打开新文件或读入其他文件内容	:e ~/install. log	打开新的文件进行编辑
	:r/etc/filesystems	在当前文件中读入其他文件内容
文件内容替换	:s/old/new	将当前行中查找到的第一个字符“old”串替换为“new”
	:s/old/new/g	将当前行中查找到的所有字符串“old”替换为“new”
	:#，#s/old/new/g	在行号“#，#”范围内替换所有的字符串“old”为“new”
	:% s/old/new/g	在整个文件范围内替换所有的字符串“old”为“new”
	:s/old/new/c	在替换命令末尾加入 c 命令，将对每个替换动作提示用户进行确认

任务 3　软件包的安装与卸载

【任务描述】

作为系统管理员，除了要对用户和组群进行管理维护、对文件目录进行操作，还要知道如何在 Linux 下通过软件包来安装和管理软件。

【任务分析】

要安装某个软件，首先要查询系统是否有该软件的 rpm 软件包，如果有就安装 rpm 软件包，没有就要上网获取相应的软件包。

【任务实施】

1. 查询 rpm 软件包

（1）查询已安装软件包的信息

-q——查询（query）rpm 软件包。

要查询软件包中的其他信息，可结合使用其他参数。

```
rpm  -qa
```

a——代表全部（all）。

一般系统安装的软件包较多，为便于分屏浏览，可结合管道操作符和 less、grep 命令来实现，其命令格式为：

```
#rpm  -qa |less
#rpm  -qa |grep  ssl
```

（2）查询指定的软件包是否安装。

命令格式为：

```
rpm  -q  软件包名称列表
```

各软件包名称之间用空格分隔。

若已安装，将显示该软件包的完整名称（含版本号信息）；若未安装，则提示未安装。

例如，查询 openssh 软件包是否已安装：

```
#rpm  -q  openssh
openssh  -4.3p2 -16.el5
```

查询 telnet - server 软件包是否安装：

```
#rpm  -q  telnet - server
package  telnet - server is not installed
```

（3）查询软件包的描述信息。

命令格式为：

```
rpm  -qi  软件包名称
```

例如，查看 openssh 软件包的描述信息的命令：

```
#rpm  -qi  openssh
```

（4）查询软件包中的文件列表。

命令格式为：

```
rpm  -ql  软件包名称
```

l——list 的缩写，显示已安装软件包中所包含文件的文件名及安装位置。

```
#rpm  -ql  openssh|less
```

（5）查询某文件所属的软件包。

命令格式为：

```
rpm  -qf  文件或目录的全路径名
```

查询显示某个文件或目录是通过安装哪一个软件包产生的：

```
#rpm  -qf  /usr/lib/libstdc++.so.5.0.7
compat-libstdc++-33.3.2.3-61
#rpm  -qf  /etc/mail
sendmail-8.13.2.el5
```

2. 查询 rpm 软件包

```
rpm  -ivh  软件包全路径名
```

i——install。

v——verbose，显示利用该参数安装过程中较详细的安装信息，有助于了解安装是否成功及出错原因。

h——hash，在安装过程中将通过显示一系列“#”来表示安装的进度。

```
#mount  /dev/cdrom  /media/cdrom
#rpm  -ivh  /media/cdrom/Server/ppp-2.4.4-1.el5.i386.rpm
#rpm  -q  ppp
ppp-2.4.4-1.el5
```

3. 删除 rpm 软件包

```
rpm  -e  软件包名
```

例如，若要删除 ppp 软件包，则实现命令为：

```
rpm  -e  ppp
```

包名可以含版本号等信息，但不可以有后缀 . rpm。

例如，卸载软件包 proftpd-1.2.8-1，可以使用下列格式：

```
#rpm  -e  proftpd-1.2.8-1
#rpm  -e  proftpd-1.2.8
#rpm  -e  proftpd-
#rpm  -e  proftpd
```

4. 升级 RPM 软件包

rpm -Uvh 软件包文件全路径名

U——升级安装，先卸载旧版，再安装新版软件包。

结合 v 和 h 参数，详细显示安装过程。

若指定的 rpm 包并未安装，则系统直接进行安装。

任务 4　挂载文件系统

【任务描述】

将磁盘进行分区并对分区格式化（即创建文件系统）后，还必须挂载到 Linux 系统中的相应目录下，然后才能用于存储文件、目录等数据。

【任务分析】

要能在 RHEL 中使用光驱、U 盘等移动设备，必须挂载到 RHEL 上才能使用。挂载文件系统有两种方式：一是通过/etc/fstab 文件来开机自动挂载；二是使用手工加载文件系统命令 mount。这里介绍后者。

【任务实施】

1. 光驱的挂载与卸载

（1）建立安装点。

```
#mkdir  /media/cdrom
```

（2）挂载光驱（插入光盘）。

```
#mount  /dev/cdrom  /media/cdrom
```

（3）卸载光盘。

```
#umount  /dev/cdrom
```

或

```
#umount  /media/cdrom
```

2. 在 Linux 中使用 U 盘/移动硬盘

（1）查看外挂的设备号。

插入移动硬盘之前，先用 fdisk -l 查看系统的硬盘和硬盘分区情况。接好移动硬盘后，再用 fdisk -l 查看系统的硬盘和硬盘分区情况，通过比较找出多出的盘及分区。

（2）检测并显示信息。

将 U 盘插入计算机的 USB 接口，之后 Linux 将检测到该设备，并显示出相关信息。

（3）创建挂载点目录。

为了能挂载使用 U 盘，还需在/media 或/mnt 目录下创建一个用于挂载 USB 盘的目录，如 usb-disk。实现命令：

```
#mkdir  /media/usb
```

（4）挂载和使用 U 盘。

当前 U 盘只有一个 FAT 格式的分区，因此使用 sdb1 设备名来挂载，实现命令为：

```
#mount  -t  vfat  /dev/sdc  /media/usb
```

执行挂载命令时，只要未输出错误信息，则意味着挂载成功，进入/media/usb 目录，就可存取访问 U 盘中的内容了。

(5) 卸载 U 盘。

实现命令:

```
#umount  /mediat/usb
```

任务 5 在 Linux 中设置软 RAID

【任务描述】

要使用 RAID (Redundant Array of Inexpensive Disks, 独立磁盘冗余阵列) 将多个廉价的小型磁盘驱动器合并成一个磁盘阵列，以提高存储性能和容错功能。

【任务分析】

RAID 可分为软 RAID 和硬 RAID，软 RAID 是通过软件实现多块硬盘冗余的。而硬 RAID 一般是通过 RAID 卡来实现 RAID 的。前者配置简单，管理也比较灵活，对于中、小企业来说不失为一种最佳选择。硬 RAID 在性能方面具有一定优势，但往往花费比较大。

【任务实施】

1. 创建与挂载 RAID 设备

(1) 创建 4 个磁盘分区。

使用 fdisk 命令创建 4 个磁盘分区，即/dev/sdb1、/dev/sdc1、/dev/sdd1、/dev/sde1，并设置分区类型 id 为 fd (Linux raid autodetect)。

(2) 使用 mdadm 命令创建 RAID5。

RAID 设备名称为/dev/mdX。其中 X 为设备编号，该编号从 0 开始。

```
[root@ Server ~]#mdadm  --create /dev/md0  --level =5  --raid-devices =3  --spare-devices =1  /dev/sd[b-e]1
mdadm:array /dev/md0 started.
```

(3) 为新建立的/dev/md0 建立类型为 ext3 的文件系统。

```
[root@ Server ~]mkfs  -t  ext3  -c  /dev/md0
```

(4) 查看建立的 RAID5 的具体情况。

```
[root@ Server ~]mdadm  -detail  /dev/md0
```

(5) 将 RAID 设备挂载。

将 RAID 设备/dev/md0 挂载到指定的目录/media/md0 中，并显示该设备中的内容。

```
[root@ Server ~]#mount  /dev/md0  /media/md0;  ls  /media/md0
lost+found
```

2. RAID 设备的数据恢复

(1) 将损坏的 RAID 成员标记为失效。

```
[root@ Server ~]#mdadm  /dev/md0  --fail  /dev/sdc1
```

（2）移除失效的 RAID 成员。

```
[root@ Server ~]#mdadm  /dev/md0  --remove  /dev/sdc1
```

（3）更换硬盘设备并添加一个新的 RAID 成员。

```
[root@ Server ~]#mdadm  /dev/md0  --add  /dev/sde1
```

任务6 使用 LVM 逻辑卷管理器

【任务描述】

LVM（Logical Volume Manager，逻辑卷管理器）最早应用在 IBM AIX 系统上。它的主要作用是动态分配磁盘分区及调整磁盘分区大小，并且可以让多个分区或者物理硬盘作为一个逻辑卷（相当于一个逻辑硬盘）来使用。这种机制可以让磁盘分区容量划分变得很灵活。

【任务分析】

LVM 进行逻辑卷的管理时，创建顺序是 pv（Physical Volume，物理卷）→vg（Volume Group，卷组）→lv（Logical Volume，逻辑卷）。首先建立物理卷，然后把这些分区或者硬盘加入到一个卷组中，再在这个大硬盘上划分分区 lv，最后把 lv 逻辑卷格式化后，就可以像使用一个传统分区那样，把它挂载到一个挂载点上，需要用的时候，这个逻辑卷可以被动态缩放。

【任务实施】

1. 建立物理卷、卷组和逻辑卷

（1）建立 LVM 类型的分区。

利用 fdisk 命令在/dev/sdb 上建立 LVM 类型的分区：

```
[root@ Server ~]#fdisk  /dev/sdb
```

（2）建立物理卷。

```
[root@ Server ~]#pvcreate  /dev/sdb1
Physical volume"/dev/sdb1"successfully created
//使用 pvdisplay 命令显示指定物理卷的属性
[root@ Server ~]#pvdisplay  /dev/sdb1
```

（3）建立卷组。

```
[root@ Server ~]#vgcreate  vg0  /dev/sdb1
 Volume group"vg0"successfully created
//使用 vgdisplay 命令查看 vg0 信息
[root@ Server ~]#vgdisplay  vg0
```

（4）建立逻辑卷。

```
[root@ Server ~]#lvcreate  -L 20M -n  lv0  vg0
```

```
Logical volume"lv0"created
 //使用 lvdisplay 命令显示创建的 lv0 信息
[root@ Server ~]#lvdisplay  /dev/vg0/lv0
```

2. 管理 LVM 逻辑卷

(1) 增加新的物理卷到卷组。

需要注意的是，下面的/dev/sdb2 必须为 LVM 类型，而且必须为 PV。

```
[root@ Server ~]#vgextend  vg0  /dev/sdb2
Volume group"vg0"successfully extended
```

(2) 逻辑卷容量的动态调整。

```
//使用 lvextend 命令增加逻辑卷容量
[root@ Server ~]#lvextend  -L +10M/dev/vg0/lv0
//使用 lvreduce 命令减少逻辑卷容量
[root@ Server ~]#lvreduce  -L -10M/dev/vg0/lv0
```

(3) 删除逻辑卷—卷组—物理卷（必须按照先后顺序来删除）。

```
//使用 lvremove 命令删除逻辑卷
[root@ Server ~]#lvremove  /dev/vg0/lv0
//使用 vgremove 命令删除卷组
[root@ Server ~]#vgremove  vg0
//使用 pvremove 命令删除物理卷
[root@ Server ~]#pvremove  /dev/sdb1
```

(4) 物理卷、卷组和逻辑卷的检查。

①物理卷的检查。

```
[root@ Server ~]#pvscan
```

②卷组的检查。

```
[root@ Server ~]#vgscan
```

③逻辑卷的检查。

```
[root@ Server ~]#lvscan
```

实训 1　使用用户管理器管理用户和组群

1. 实训目的

(1) 掌握使用用户管理器管理用户的方法。

(2) 掌握使用用户管理群管理组群的方法。

2. 实训内容

练习利用用户管理器对用户和组群进行管理和维护。

3. 实训练习

某企业配置 Linux 操作系统，需要在该系统上为 3 个部门规划以下账户信息：

(1) 为每个部门建立一个组群，并设置组群口令。

（2）假设每个部门中有一名经理，5 名普通员工，为每位员工建立一个用户账户，并设置账户口令。

（3）把部门中的用户添加到部门组群中。

（4）为部门经理的用户账户改名。

4. 实训分析

要完成这个实训可以使用用户管理器：

（1）创建 3 个组群，并设置组群口。

（2）为 3 个部门的 15 名普通员工建立用户账户，并设置账户口令。

（3）把用户添加到相应的组群中。

（4）修改部门经理的用户账户。

5. 实训报告

按要求完成实训报告。

实训 2　备份与恢复文件系统

1. 实训目的

（1）掌握 RHEL 中数据备份的方法。

（2）掌握 RHEL 中数据恢复的方法。

2. 实训内容

练习利用合适的备份方式来对 RHEL 文件系统进行备份。

3. 实训练习

（1）分别使用 dd、tar 和 cpio 命令对相应的磁盘、目录及其子目录进行备份与还原。

（2）分别使用 dump 与 restore 命令用来实现在 Linux 下的增量备份与差异备份。

4. 实训分析

要完成这个实训可以使用：①完全备份、增量备份和差异备份来备份相应磁盘、目录及其子目录；②还原所备份的内容。

5. 实训报告

按要求完成实训报告。

项目3

配置 Linux 基础网络

【学习目标】

知识目标：

- 了解网络配置文件。
- 了解 Linux 支持的网络服务类型。
- 掌握主机名、以太网卡的设置。
- 掌握常用网络操作命令的使用。
- 理解守护进程和 xinetd。

能力目标：

- 会配置主机名和网卡。
- 会配置 xinetd。
- 会使用守护进程管理工具。

【项目描述】

Linux 主机要与网络中其他主机进行通信，首先要进行正确的网络配置。网络配置通常包括主机名、IP 地址、子网掩码、默认网关、DNS 服务器等。

【任务分解】

学习本项目需要完成 3 个任务：任务 1，使用常用的网络配置命令设置主机及 IP 地址；任务 2，使用守护进程管理工具；任务 3，配置 xinetd。

【问题引导】

- 在 Linux 中，TCP/IP 网络的配置信息有哪些？
- 常用网络配置命令有哪些？
- 与网络相关的配置文件有哪些？
- 网络测试工具有哪些？

【知识学习】

在 Linux 中，TCP/IP 网络的配置信息是分别存储在不同的配置文件中的。相关的配置文件有网卡配置文件、/etc/sysconfig/network、/etc/hosts、/etc/resolv. conf 及/etc/host. conf 等文件。

（1）/etc/sysconfig/network 主要用于设置基本网络配置，包括主机名称、网关等。文件

中的内容如下：

```
[root@ server ~]#cat  /etc/sysconfig/network
NETWORKING =yes
HOSTNAME = Server
GATEWAY =192.168.1.254
```

NETWORKING：网络是否被配置，取值为 yes 或者 no。

FORWARD_IPV4：是否开启 IP 转发功能。

HOSTNAME：表示服务器的主机名。

GAREWAY：表示网络网关的 IP 地址。

GAREWAYDEV：表示网关的设备名，如 eth0。

对于该配置文件进行修改之后，应该重启网络服务或者注销系统以使配置文件生效。

/etc/sysconfig/nework - scripts/ifcfg - ethN 该配置文件是网卡配置文件，保存了网卡设备名、IP 地址、子网掩码、网关等配置信息，如图 3 - 1 所示。

```
[root@Server ~]# cat
/etc/sysconfig/network-scripts/ifcfg-eth0
DEVICE=eth0
BOOTPROTO=static
BROADCAST=192.168.1.255
HWADDR=00:0C:29:FA:AD:85
IPADDR=192.168.1.2
NETMASK=255.255.255.0
NETWORK=192.168.1.0
GATEWAY=192.168.1.254
ONBOOT=yes
TYPE=Ethernet
```

图 3 - 1 配置信息

具体含义如下：

DEVICE：表示当前网卡设备的名字。

BOOTPROTO：获取 IP 设置的方式，取值为 static、bootp 或 dhcp。

BROADCAST：表示广播地址。

HWADDR：该网络设备的 MAC 地址。

IPADDR：表示赋给该网卡的 IP 地址。

NETMASK：表示子网掩码。

GATEWAY：表示默认网关。

ONBOOT：设置系统启动时是否启动该设备，取值为 yes 或 no。

TYPE：该网络设备的类型。

（2）/etc/hosts 用于本地名称解析，是早期实现静态域名解析的一种方法，该文件中存储 IP 地址和主机名的静态映射关系。文件中的内容如下：

```
[root@ Server etc]#cat  /etc/hosts
#Do not remove the followingline,or various programs
```

```
#that require network functionality will fail
172.0.0.1jnrp -mlx localhost localdomain localhost
```

在 hosts 文件中实现主机名称 RHEL6 和 IP 地址 192.168.1.2 的映射关系：

```
192.168.1.2            RHEL6
```

（3）/etc/resolv.conf 文件用于指定系统所用的 DNS 服务器的 IP 地址，还可以设置当前主机所在的域以及 DNS 搜寻路径等。文件中的内容如下：

```
[root@ Server etc]#cat  /etc/resolv.conf
nameserver 192.168.0.5
nameserver 192.168.0.9
nameserver 192.168.0.1
search jw.com
domain jw.com
```

DNS 服务器的 IP 地址为 192.168.0.1、192.168.0.5、192.168.0.9。

（4）/etc/host.conf 用来指定如何进行域名解析，例如：

```
[root@ Server etc]#cat  /etc/host.conf
order hosts,bind
```

说明：先利用/etc/hosts 进行静态域名解析，再利用 DNS 服务器进行动态域名解析。

（5）/etc/services 用于保存各种网络服务名称与该网络服务所使用的协议及默认端口号的映射关系。

/etc/services 文件部分内容：

```
ssh         22/tcp                    #SSH Remote Login Protocol
ssh         22/udp                    #SSH Remote Login Protocol
telnet      23/tcp
telnet      23/udp
```

Linux 网络配置的方式大致有以下 3 种：

（1）图形窗口和字符窗口填写方式，通过菜单和窗口填写网络配置参数。

（2）命令行方式。在字符界面下，通过执行有关网络配置命令实现对网络的配置。此种方式只是临时生效，系统或网络服务重启后便失效。

（3）修改网络配置文件的方式。使用 vi 编辑器直接修改网络配置文件，或用一些工具（如 setup）间接修改网络配置文件。此种方式需要系统或网络服务重启后才能生效，并且长期生效。

任务 1　使用常用的网络配置命令设置主机名及 IP 地址

【任务描述】

要让 Linux 主机与网络中其他主机进行通信，首先要对其进行主机名及 IP 地址的设置，确保主机名在网络中是唯一的；否则通信会受到影响。

【任务分析】

首先来设置主机名，再来配置 IP 地址。

【任务实施】

1. 配置主机名

（1）使用 vim 编辑/etc/hosts 文件，修改主机名 localhost 为 RHEL6，修改后如图 3－2 所示。

```
127.0.0.1        localhost.localdomain   RHEL6
::1     localhost6.localdomain6 localhost6
~
~
~
~
-- 插入 --                                    1,38-46        全部
```

图 3－2　修改主机名后的效果

（2）使用 vim 编辑/etc/sysconfig/network 文件中的“HOSTNAME”字段，修改主机名为 RHEL6，修改后如图 3－3 所示。

```
文件(F)  编辑(E)  查看(V)  搜索(S)  终端(T)  帮助(H)
NETWORKING=yes
HOSTNAME=RHEL6.localdomain
~
~
~
~
-- 插入 --                                    2,15           全部
```

图 3－3　修改主机名后的效果

注意：修改主机名后需要重启系统才能生效。

重启系统后可以使用 hostname 命令来查看主机名。

网络配置命令——hostname，用于显示或者临时设置当前主机名称，如显示当前系统的主机名称：

```
[root@ Server etc]#hostname
Server
```

临时设置主机名称为 network：

```
[root@ Server etc]#hostname  network
```

注意：利用 hostname 命令修改的主机名称只是临时有效，该命令不会将修改结果存入/etc/sysconfig/network 配置文件中。若要永久修改主机名称，应通过修改配置文件来实现。

2. 配置 IP 地址

（1）网络配置命令——ifconfig。

可以查看系统网络接口状况，也可以对网络接口的设置进行修改。例如，不加任何选项使用 ifconfig 命令，可以列出当前系统中所有已经启动了的网络接口，如图 3 -4 所示。

```
[root@Server etc]# ifconfig
eth0      Link encap:Ethernet  HWaddr 00:0C:29:FA:AD:85
          inet addr:192.168.1.2  Bcast:192.168.1.255  Mask:255.255.255.0
          inet6 addr: fe80::20c:29ff:fefa:ad85/64 Scope:Link
          UP BROADCAST RUNNING MULTICAST  MTU:1500  Metric:1
          RX packets:39713 errors:0 dropped:0 overruns:0 frame:0
          TX packets:7210 errors:0 dropped:0 overruns:0 carrier:0
          collisions:0 txqueuelen:1000
          RX bytes:2618901 (2.4 MiB)  TX bytes:708317 (691.7 KiB)
          Interrupt:10 Base address:0x1400
lo        Link encap:Local Loopback
          inet addr:127.0.0.1  Mask:255.0.0.0
          inet6 addr: ::1/128 Scope:Host
          UP LOOPBACK RUNNING  MTU:16436  Metric:1
          RX packets:374 errors:0 dropped:0 overruns:0 frame:0
          TX packets:374 errors:0 dropped:0 overruns:0 carrier:0
          collisions:0 txqueuelen:0
          RX bytes:39838 (38.9 KiB)  TX bytes:39838 (38.9 KiB)
```

图 3 -4　查看网卡配置信息

ifconfig 命令加上 -a 参数可以显示所有的网络接口，包括启动的和未启动的。

利用“ifconfig 指定的网络接口”命令，查看某一个网络接口的状况。

ifconfig 命令还可以用来启动和停止网络接口。启动某个网络接口用 up，关闭某个网络接口用 down。

使用 ifconfig 启动和关闭 eth0 接口：

```
[root@ Server ~]#ifconfig eth0 down
[root@ Server ~]#ifconfig eth0 up
```

为网络接口 eth0 设置 IP 地址为 192.168.1.3 和 192.168.1.4，广播地址为 192.168.1.255，子网掩码为 255.255.255.0：

```
[root@Server etc]#ifconfig eth0 192.168.1.3 broadcast 192.168.1.255
netmak 255.255.255.0
[root@Server etc]#ifconfig eth0:1 192.168.1.4 broadcast 192.168.1.255
netmak 255.255.255.0
```

（2）网络配置命令——ifup、ifdown。

ifup 命令用于激活不活动的网络接口设备。

ifdown 命令用于停止指定的网络接口设备。

案例：停掉 eth0 和激活 eth0：

```
[root@ Server etc]#ifdown eth0
[root@ Server etc]#ifup eth0
```

（3）网络配置命令——service。

/etc/service 是一个脚本文件，利用 service 命令可以检查指定网络服务的状态，启动、停止或者重新启动指定的网络服务。

service 命令的语法格式如下：

service 服务名 start /stop /status /restart /reload

例如，重新启动 network 服务：

[root@ Server etc]#service network restart

(4) 网络配置命令——route。

查看本机路由表，添加、删除路由条目，设置默认网关。

例如，查看本机路由表信息，如图 3 -5 所示。

```
[root@Server ~]# route
Kernel IP routing table
Destination     Gateway         Genmask         Flags Metric Ref    Use Iface
192.168.1.0     *               255.255.255.0   U     0      0        0 eth0
169.254.0.0     *               255.255.0.0     U     0      0        0 eth0
default         192.168.1.254   0.0.0.0         UG    0      0        0 eth0
```

图 3 -5　路由信息表信息

例如，添加默认网关：

[root@ Server ~]#route add default gw 192.168.1.1 dev eth0

例如，删除默认网关：

[root@ Server ~]#route delete default gw 192.168.1.1

(5) 网络配置命令——setup。

该命令可以设置网络接口 IP 地址的获得方式（是静态配置还是动态获得)、IP 地址、子网掩码、网关、DNS 服务器 IP 地址等。

在命令行模式下直接输入 setup 命令，按 Enter 键，即可打开配置界面，再依次选择“网络配置”→“设备配置”→“eth0 (eth0)”，如图 3 -6 所示。

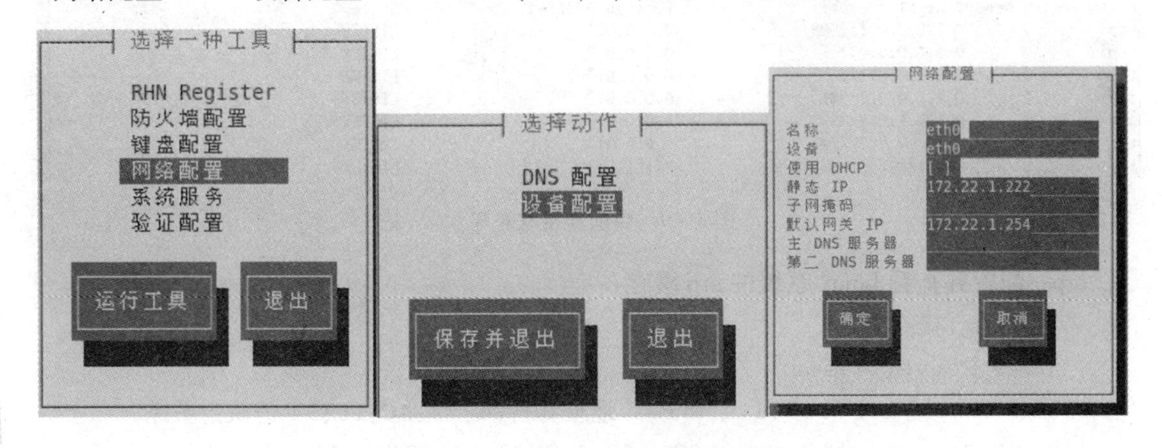

图 3 -6　文本窗口模式下对网络进行配置

注意：使用 setup 命令配置的各项参数会直接写入相应的网络配置文件，为了使设置生效，应重新启动 network 网络服务。

(6) 网络测试工具。

ping：用于测试本机和目标主机的连通性，如图 3 -7 所示。

traceroute：用于实现路由跟踪，如图 3 -8 所示。

```
root@localhost:~
文件(F) 编辑(E) 查看(V) 终端(T) 标签(B) 帮助(H)
[root@localhost ~]# ping -c 3 192.168.0.3
PING 192.168.0.3 (192.168.0.3) 56(84) bytes of data.
64 bytes from 192.168.0.3: icmp_seq=1 ttl=64 time=1.29 ms
64 bytes from 192.168.0.3: icmp_seq=2 ttl=64 time=0.605 ms
64 bytes from 192.168.0.3: icmp_seq=3 ttl=64 time=0.918 ms

--- 192.168.0.3 ping statistics ---
3 packets transmitted, 3 received, 0% packet loss, time 2580ms
rtt min/avg/max/mdev = 0.605/0.938/1.291/0.280 ms
[root@localhost ~]#
```

图 3-7 测试结果显示

```
[root@Server ~]#traceroute www.sina.com.cn
traceroute to jupiter.sina.com.cn (218.57.9.53), 30 hops max, 38 byte packets
1 60.208.208.1 4.297 ms 1.366 ms 1.286 ms
2 124.128.40.149 1.602 ms 1.415 ms 1.996 ms
3 60.215.131.105 1.496 ms 1.470 ms 1.627 ms
4 60.215.131.154 1.657 ms 1.861 ms 3.198 ms
5 218.57.8.234 1.736 ms 218.57.8.222 4.349 ms 1.751 ms
6 60.215.128.9*** 1.523 ms 1.550 ms 1.516 ms
```

图 3-8 路由跟踪结果

netstat：查看网络当前的连接状态，如图 3-9 所示。

```
root@localhost:~
文件(F) 编辑(E) 查看(V) 终端(T) 标签(B) 帮助(H)
[root@localhost ~]# netstat -atn
Active Internet connections (servers and established)
Proto Recv-Q Send-Q Local Address          Foreign Address        State
tcp        0      0 127.0.0.1:2208         0.0.0.0:*              LISTEN
tcp        0      0 0.0.0.0:641            0.0.0.0:*              LISTEN
tcp        0      0 0.0.0.0:111            0.0.0.0:*              LISTEN
tcp        0      0 127.0.0.1:631          0.0.0.0:*              LISTEN
tcp        0      0 127.0.0.1:25           0.0.0.0:*              LISTEN
tcp        0      0 127.0.0.1:2207         0.0.0.0:*              LISTEN
tcp        0      0 :::22                  :::*                   LISTEN
```

图 3-9 当前连接状态显示

arp：配置并查看 Linux 系统的 arp 缓存：

```
//查看 arp 缓存
[rooe@ Server ~]#arp
//添加 IP 地址 192.168.1.1 和 MAC 地址 00:14:22:AC:15:94 的映射关系
[root@ Server ~]#arp -s 192.168.1.1 00:14:22:AC:15:94
```

任务 2　使用守护进程管理工具

【任务描述】

通常 Linux 系统上提供服务的程序是由运行在后台的守护程序（daemon）来执行的。

一个实际运行中的系统一般会有多个这样的程序在运行。这些后台守护程序在系统开机后就运行了，并且在时刻监听前台客户的服务请求，一旦客户发出了服务请求，守护进程便为它们提供服务。由于此类程序运行在后台，除非程序主动退出或者人为终止；否则它们将一直运行下去直至系统关闭。所以，将此类提供服务功能的程序称为守护进程。

【任务分析】

如果想让某个进程不因为用户或终端或其他变化而受到影响，那么就必须把这个进程变成一个守护进程。

【任务实施】

1. 认识守护进程

查看系统当前运行的守护进程——pstree 命令：

```
[root@ Server ~ ]#pstree
Init - + - acpid
        |- atd
        |- crond
        |- khubd
        |- metacity
        |- nmbd
```

守护进程的分类，按照服务类型分为以下几种：

- 系统守护进程，如 syslogd、login、crond、at 等。
- 网络守护进程，如 sendmail、httpd、xinetd 等。

按照启动方式分为以下几种：

- 独立启动的守护进程，如 httpd、named、xinetd 等。
- 被动守护进程（由 xinetd 启动），如 telnet、finger、ktalk 等。

2. 守护进程管理工具——命令行界面工具

service：查看当前系统中的所有服务和守护进程的运行状态；启动和停止指定的守护进程等。

chkconfig：检查、设置系统的各种服务，通过操控/etc/rc［0 - 6］. d 目录下的符号链接文件，对系统的各种服务进行管理，如图 3 - 10 所示。

在命令提示符下输入“ntsysv”，弹出如图 3 - 11 所示的界面。

```
//查看系统的服务启动设置情况
[root@Server ~]# chkconfig --list

//查看指定的服务在当前运行级别的运行状态
[root@Server ~]# chkconfig httpd

//添加一个由 chkconfig 管理的服务
[root@Server ~]# chkconfig --add httpd

//更改指定服务在指定运行级别的运行状态
[root@Server ~]# chkconfig --level 35 httpd on
```

图 3－10　使用命令 chkconfig 检查、设置系统的各种服务

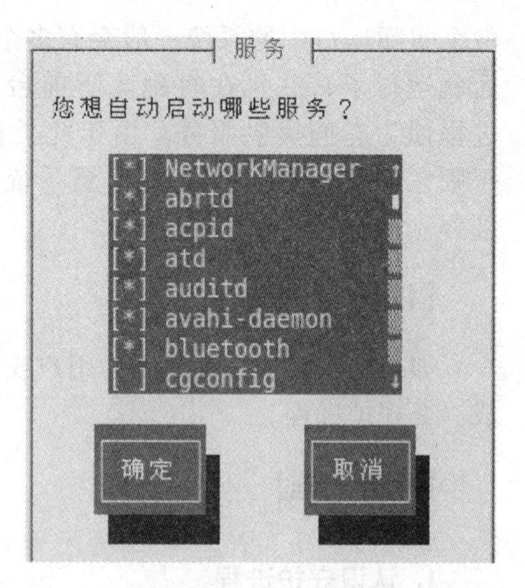

图 3－11　ntsysv 界面

任务 3　配置 xinetd

【任务描述】

xinetd 是启动系统时自动启动的扩展超级服务器程序，用来管理网络服务程序。几乎所有的服务程序都可以由 xinetd 来启动。

【任务分析】

具体提供哪些服务由/etc/services 文件指出，首先对/etc/services 有大概的了解，再根据实际需要进行配置。

【任务实施】

1. xinetd 配置

几乎所有的 UNIX 类系统都运行了一个“网络守护进程服务程序”，它为许多服务创建套接字（socket），并且使用套接字系统调用同时监听所有这些端口。当远程系统请求一个服务时，网络守护进程服务程序监听到这个请求，并且会产生该端口的服务器程序为客户提供服务。xinetd 同时监听着它所管理的服务的所有端口，当有客户提出服务请求时，它会判断这是对哪个服务的请求，然后再开启此服务的守护进程，由该守护进程处理客户的请求。因此，xinetd 也被称为超级服务器。

几乎所有的服务程序都可以由 xinetd 来启动，具体提供哪些服务由/etc/services 文件指出：

```
[root@ Server kinetd.d]#cat  /etc/services
ssh      22/tcp                #SSH Remote Login Protocol
```

```
ssh      22/udp                    #SSH Remote Login Protocol
(略)
```

该文件说明了 xinetd 可提供服务的端口号和名字，在实际启动相应的守护进程时则需要另外的配置文件/etc/xinetd. conf 和/etc/xinetd. d/ * 。

2. 配置/etc/xinetd. conf

/etc/xinetd. conf 文件本身并没有记录所有的服务配置，而是把每一个服务的配置写进一个相应的文件，把这些文件保存在/etc/xinetd. d 目录下，在/etc/xinetd. conf 文件中利用 includedir 把这些文件包含进来：

```
[root@ Server xinetd.d]#cat  /etc/xinetd.conf
defaults
{
        instances                       =60
        log_type                        =SYSLOG authpriv
        log_on_success                  =HOST PID
        log_on_failure                  =HOST
}
includedir  /etc/xinetd.d
```

在/etc/xinetd. conf 文件中使用 defaults{}项为所有的服务指定默认值，其中：

instances：表示 xinetd 同时可以运行的最大进程数。

log_type：设置指定使用 syslogd 进行服务登记。

log_on_success：设置指定成功时，登记客户机 IP 地址和进程的 PID。

log_on_failure：设置指定失败时，登记客户机 IP 地址。

includedir：指定由 xinetd 监听的服务的配置文件在/etc/xinetd. d 目录下，并将其加载。

3. 配置/etc/xinetd. d/ *

/etc/xinetd. d 目录下存放的都是由 xinetd 监听的服务的配置文件，配置文件名一般为服务的标准名称。例如，启动 kerberos 5 认证的 Telnet 服务的配置文件的名称为 krb5 - telnet，服务的配置文件内容如图 3 - 12 所示。

第一行定义了服务的名称，下面几行是启动配置，具体含义如下：

flags：此服务的旗帜，有多种，如 INTERCEPT、NORETRY 等。

socket_type：该服务的数据封包类型，如 stream、dgram 等。

wait：取值为 no 表示不需等待，即服务将以多线程的方式运行。取值为 yes，表示服务进程启动后，若有新用户提出服务请求，需要等待前面的用户服务结束后再接受信用好的请求。

user：表示执行此服务进程的用户，通常是 root。

server：执行服务程序的路径和文件名。

log_on_failure + = USERID：表示设置失败时，UID 添加到系统登记表。

disable：取值为 no，就可以启动相应的服务了，取值为 yes，禁用服务。

```
[root@Server xinetd.d]# cat krb5-telnet
service telnet
{
            flags               = REUSE
            socket_type         = stream
            wait                = no
            user                = root
            server              = /usr/kerberos/sbin/telnetd
log_on_failure    += USERID
disable           = yes
}
```

图 3-12　服务的配置文件内容

/etc/xinetd. d 目录下每种服务所包含的内容不尽相同，一般来说，取默认设置就可以了，只需要把 disable 的值设置为 no，就可以启动相应的服务了。在修改好服务配置文件后，需要重新启动 xinetd 守护进程使配置生效。

实训 1　通过配置文件修改 IP 地址和网关

1. 实训目的

掌握常用的网络配置命令以及会修改网卡配置文件。

2. 实训内容

练习利用命令和修改配置文件修改 IP 地址和网关。

3. 实训练习

设置 Linux 服务器名为 RHEL6；IP 地址为 192. 168. 112. 2，子网掩码为 255. 255. 255. 0，默认网关为 192. 168. 112. 254，DNS 服务器的域名为 dns. jnrp. cn，IP 地址为 192. 168. 0. 1。

4. 实训分析

要完成这个实训可以：①先使用网络配置命令来完成配置；②通过修改网卡配置文件/etc/sysconfig/network-scripts/来完成相应设置。

5. 实训报告

按要求完成实训报告。

实训 2　Linux 网络配置

1. 实训目的

（1）掌握 Linux 下 TCP/IP 网络的设置方法。

（2）学会使用命令检测网络配置。

（3）学会启用和禁用系统服务。

2. 实训内容

练习 Linux 系统下 TCP/IP 网络设置、网络检测方法。

3. 实训练习

在一台已经安装好 Linux 系统但还没有配置 TCP/IP 网络参数的主机上，设置好各项 TCP/IP 参数，连通网络。

4. 实训分析

要完成这个实训可以：①设置 IP 地址和子网掩码；②设置网关和主机；③检测设置；④设置域名解析；⑤启动和停止守护进程。

5. 实训报告

按要求完成实训报告。

项目 4

远程登录管理

【学习目标】

知识目标：

- 了解远程管理和 Telnet 工作原理。
- 掌握 Telnet 服务的配置与启动方法。
- 掌握 SSH 客户端的安装配置和使用。
- 掌握 VNC 服务器配置。

能力目标：

- 会架设 Telnet 服务器。
- 会架设 SSH 服务器。
- 会架设 VNC 服务器。

【项目描述】

在实际情况下，各种服务器主机工作时都是摆放在标准机房内的。管理人员对服务器进行各种操作时，并不一定都需要直接在控制台上进行，完全可以通过远程管理技术进行远程操作。本项目主要介绍几种 Linux 系统下架设远程管理服务器的方法，包括传统的 Telnet 服务器、提供安全连接的 SSH 服务器以及提供图形界面的 VNC 服务器。

【任务分解】

学习本项目需要完成 3 个任务：任务 1，架设 Telnet 服务器；任务 2，架设 SSH 服务器；任务 3，架设 VNC 服务器。

【问题引导】

- 什么是 Telnet 服务器？它有什么用途？
- 什么是 SSH 服务器？
- 什么是 VNC 服务器？它具有什么特性？

【知识学习】

Telnet 是 Internet 远程登录服务的标准协议和主要方式，最初由 ARPANET 开发，现在主要用于 Internet 会话，它的基本功能是允许用户登录进入远程主机系统。Telnet 协议是 TCP/IP 协议簇中的一员，是 Internet 远程登录服务的标准协议和主要方式。它为用户提供了在本地计算机上完成远程主机工作的能力。在终端使用者的计算机上使用 Telnet 程序，用它连接

到服务器。终端使用者可以在 Telnet 程序中输入命令，这些命令会在服务器上运行，就像直接在服务器的控制台上输入一样，在本地就能控制服务器。要开始一个 Telnet 会话，必须输入用户名和密码来登录服务器。Telnet 是常用的远程控制 Web 服务器的方法。Telnet 工作原理如图 4-1 所示。

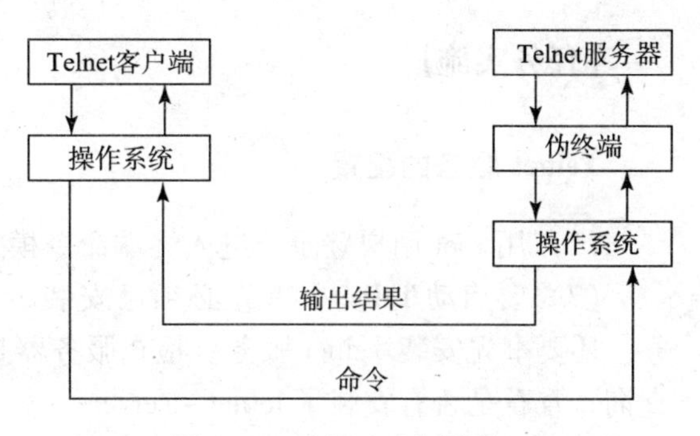

图 4-1　Telnet 工作原理

Telnet 的主要用途就是使用远程计算机上所拥有的本地计算机没有的信息资源，如果远程的主要目的是在本地计算机与远程计算机之间传递文件，那么相比而言，使用 FTP 会更加快捷有效。

SSH（Secure Shell）由 IETF 的网络工作小组（Network Working Group）所制定；SSH 是建立在应用层和传输层基础上的安全协议。SSH 是目前较可靠，专为远程登录会话和其他网络服务提供安全性的协议。利用 SSH 协议可以有效防止远程管理过程中的信息泄露问题。SSH 最初是 UNIX 系统上的一个程序，后来迅速扩展到其他操作平台。SSH 在正确使用时可弥补网络中的漏洞。SSH 客户端适用于多种平台。几乎所有 UNIX 平台，包括 HP-UX、Linux、AIX、Solaris、Digital UNIX、Irix 以及其他平台，都可运行 SSH。

VNC（Virtual Network Computer，虚拟网络计算机）是一款优秀的远程控制工具软件，由著名的 AT&T 的欧洲研究实验室开发。VNC 是在基于 UNIX 和 Linux 操作系统的免费的开源软件，远程控制能力强大，高效实用，其性能可以和 Windows 和 MAC 中的任何远程控制软件媲美。在 Linux 中，VNC 包括以下 4 个命令：vncserver、vncviewer、vncpasswd 和 vncconnect。大多数情况下，用户只需要其中的两个命令，即 vncserver 和 vncviewer。

VNC 是远程连入操作系统，所有操作在 UNIX、Linux 主机服务端进行，即使操作过程中“本地计算机与操作主机网络断开”，也不影响操作的顺利进行。

任务1　架设 Telnet 服务器

【任务描述】

Telnet 协议可以工作在任何操作系统的主机或任何终端之间。由于 Telnet 等远程管理工具采用明文传送密码和数据，存在着严重的安全问题。因此，在实际应用中并不推荐使用，而是使用经过加密后才传输数据的安全终端。

【任务分析】

要在 Linux 中使用 Telnet 服务，首先必须安装 Telnet 服务器程序，并对 Telnet 配置文件进行修改，才能启动 Telnet 服务。

【任务实施】

Telnet 服务的配置

（1）用 root 用户登录，进入终端命令模式。

（2）要启动 Telnet，首先必须已安装了 Telnet 的服务器才行。如果没有安装 Telnet 服务，还要事先安装 Telnet 服务。检查服务器是否安装 Telnet 服务的方法如下：先以 rpm 命令查询，看看是否有安装了 telnet - server：

```
#rpm  -qa |grep  telnet -server
```

假如没有安装，就下载或找光盘，安装 telnet - server。使用 rpm 命令：

```
#rpm  -i telnet -server -0.17 -35.i386.rpm
```

即可安装 Telnet 服务。

（3）在这个 Telnet 服务文件中，将［disable = yes］改成［disable = no］：

```
#/etc/init.d/xinetd restart
```

之后重新启动 super daemon。

对于有些版本的 Linux，需要编辑 cd/ete/xinetd. d 文件，查看 Telnet 服务的配置文件（krb5 - telnet）的设置：vi krb5 - telnet，将 disable = yes 改为 disable = no，保存退出。

（4）激活服务 telnet/tip 是挂载在 xinetd 底下的，所以只要重新激活 xinetd 就能将 xi - netd 中的设定重新读进来，刚刚设定的 Telnet 自然也就可以被激活。也可以通过以下命令激活：

```
#cd  /etc/rc.d/init.d/
#servicexinetd restart
```

有时会提示命令不存在，需要加上命令的路径：

```
#servicexinetd resart        bash:service:command not found
#/sbin/service xinetd restart              重新启动 telnet 服务
```

（5）利用 netstat - trdp 命令查看是否启动了 PORT 23。

任务 2　架设 SSH 服务器

【任务描述】

由于 Telnet 登录有安全缺陷，现在已经很少使用了，取而代之的是 SSH 远程登录方式。SSH 提供了口令和密钥两种用户验证方式，这两者都是通过密文传输数据的。不同的是，口令用户验证方式传输的是用户的账户名和密码，这要求输入的密码具有足够的复杂度才能具有更高的安全性。

【任务分析】

本任务介绍 SSH 服务器的安装、运行和配置方法，以及如何使用 SSH 客户端，以便在不安全的网络环境下通过加密机制来保证数据传输的安全。

【任务实施】

1. 安装 SSH

SSH 软件由两部分组成：SSH 服务端和 SSH 客户端。

SSH 的配置文件在/etc/ssh/目录下，其中服务端的配置文件是 sshd_config，客户端的配置文件是 ssh_config.

先用 rpm 命令查询，看看是否有安装了 ssh - server：

```
#rpm  -qa |grep  ssh-server
```

若没有任何显示就要安装 ssh：

```
#rpm  -I openssh-server-5.3p1-84.1.el6.i686.rpm
```

安装完成后 openssh 服务器程序的守护进程为 sshd，通过该守护进程就可启动、停止或重启服务。

2. 配置 SSH 服务器

根据 SSH 的两种验证方式，配置两种不同安全级别的登录方式。

1）通过口令验证方式登录

（1）用 vim 编辑器打开 sshd_config 配置文件。

```
#vim  /etc/ssh/sshd_config
```

（2）对配置文件进行修改（根据自身实际情况可有所调整）。

```
Port 22   //默认使用 22 端口,也可以自行修改为其他端口,但登录时要输入端口号
#ListenAddress  //指定提供 ssh 服务的 IP,这里已注释掉
PermitRootLogin  //禁止以 root 远程登录
PasswordAuthentication  yes  //启用口令验证方式
PermitEmptyPassword  //禁止使用空密码登录
LoginGraceTime  1m  //重复验证时间为 1min
MaxAuthTimes  3    //最大重试验证次数
```

保存修改好的配置，退出。

（3）重启 sshd 服务。

```
#service sshd restart
```

2）通过密钥对验证方式登录

（1）在客户端生成密钥对。

注：生成密钥对前，需切换相应用户身份。例如，当 user1 需要登录到服务端时，user1 必须在客户端生成自己的密钥文件。其他用户也一样。

```
#su -user1
#ssh-keygen -t rsa      //生成密钥文件
Generating public/private rsa key pair.
Enter file in which to save the key(/root/.ssh/id_rsa):  //按 Enter 键
Enter passphrase(empty for no passphrase):    //设置保护私钥文件的密
```

码,即密钥登录时的密码

```
Enter same passphrase again:      //再次输入保护私钥文件的密码
Your identification has been saved in/root/.ssh/id_rsa.
Your public key has been saved in/root/.ssh/id_rsa.pub.
The key fingerprint is:
33:ee:01:7d:c3:74:83:13:ef:67:ee:d7:60:2d:e1:16 root@ localhost
#ll -a.ssh/
总计  24
drwxrwxrwx 2 root root 4096 10 -08 19:29.
drwxr -x ---21 root root 4096 10 -08 19:25
-rw -------1 root root 1743 10 -08 19:29 id_rsa        //创建的私钥
-rw -r --r --1 root root 396 10 -08 19:29 id_rsa.pub  //创建的公钥
-rw -r --r --1 root root 790 2015 -11 -04 known_hosts
```

(2) 上传公钥文件到服务器或者用 U 盘复制到服务器里。

```
#scp.ssh/id_rsa.pub user1@ 192.168.1.100:/home/user1/
```

(3) 在服务器端将公钥文件添加到相应用户的密钥库里。

#mkdir -p /home/user1/.ssh/   //注意,这里创建的 .ssh 目录权限必须是除自己外,对其他用户只读,也就是权限位设置为 644,所属者与所属者组都是其用户

#mv /home/user1/id_rsa.pub/home/user1/,ssh/authorized_keys //由于生成的公钥名称与指定的公钥名称不符,因此需要将生成的文件名换成 authorized_keys

(4) 修改 sshd_config 配置文件。

```
#vim  /etc/ssh/sshd_config
```

PasswordAuthentication no //禁用口令验证方式,不能把原有的 PasswordAuthentication yes 注释掉,注释后,就算没有公钥也能通过口令登录,这样不安全,而且失去了密钥验证的意义

RSAAuthentication yes //启用 RSA 验证

PubkeyAuthentication yes //启用公钥验证

AuthorizedKeysFile   .ssh/authorized_keys //启用公钥文件位置,后面的路径是设置公钥存放文件的位置

保存修改好的配置,退出。

(5) 重启 sshd 服务。

```
#service sshd restart
```

任务3　架设 VNC 服务器

【任务描述】

前两个任务介绍了远程管理工具 Telnet 和 OpenSSH,它们是基于字符界面的。对于桌面用户来说,可能使用起来不太方便。本任务介绍一种基于图形界面的远程管理工具——

VNC，它与 Windows 平台下的远程桌面连接，与著名的远程控制工具 pcAnywhere 等具有类似的功能。

【任务分析】

本任务介绍 VNC 服务器的安装、运行和配置方法以及如何使用 VNC 客户端。

【任务实施】

(1) 确认 VNC 是否安装。

默认情况下，Red Hat Enterprise Linux 安装程序会将 VNC 服务安装在系统上。确认是否已经安装 VNC 服务及查看安装的 VNC 版本。

```
[root@ REHL6 ~]#rpm  -q  vnc-server vnc-server-4.1.2-9.el5
[root@ REHL6 ~]#
```

若系统没有安装，可以到操作系统安装盘的[url=javascript:;]Server[/url]目录下找到 VNC 服务的 RPM 安装包 vnc-server-4.1.2-9.el5.x86_64.rpm。

安装命令如下：

```
rpm  -ivh  /mnt/Server/vnc-server-4.1.2-9.el5.x86_64.rpm
```

(2) 启动 VNC 服务。

使用 vncserver 命令启动 VNC 服务，命令格式为“vncserver：桌面号”，其中“桌面号”用“数字”的方式表示，每个用户需要占用1个桌面，启动编号为1的桌面示例如下：

```
[root@ testdb ~]#vncserver:1
You will require a password to access your desktops.Password:Verify:
xauth:creating new authority file/root/.Xauthority New'testdb:1(root)
'desktop is testdb:1Creating default startup script./root/.vnc/xstar-
tup Starting applications specified in/root/.vnc/xstartup Log file is/
root/.vnc/testdb:1.log
```

以上命令执行的过程中，因为是第一次执行，需要输入密码，这个密码被加密保存在用户主目录下的.vnc 子目录（/root/.vnc/passwd）中；同时在用户主目录下的.vnc 子目录中为用户自动建立 xstartup 配置文件（/root/.vnc/xstartup），在每次启动 VND 服务时，都会读取该文件中的配置信息。BTW：/root/.vnc/目录下还有一个“testdb：1.pid”文件，这个文件记录着启动 VNC 后对应操作系统的进程号，用于停止 VNC 服务时准确定位进程号。

(3) VNC 服务使用的端口号与桌面号的关系。

VNC 服务使用的端口号与桌面号相关，VNC 使用 TCP 端口从 5900 开始，对应关系如下：桌面号为“1”，端口号为 5901；桌面号为“2”，端口号为 5902；桌面号为“3”，端口号为 5903；……基于［url=javascript:;］Java［/url］的 VNC 客户程序 Web 服务 TCP 端口从 5800 开始，也是与桌面号相关，对应关系如下：桌面号为“1”，端口号为 5801；桌面号为“2”，端口号为 5802；桌面号为“3”，端口号为 5803；……基于上面的介绍，如果 Linux 开启了防火墙功能，就需要手工开启相应的端口，以开启桌面号为“1”相应的端口为例，命令如下：

```
[root@ testdb ~]#iptables -I INPUT -p tcp --dport 5901 -j ACCEPT
```

[root@ testdb ~]#iptables -I INPUT -p tcp --dport 5801 -j ACCEPT

（4）测试 VNC 服务。

第一种方法是使用 VNC Viewer 软件登录 [url=javascript:;] 测试 [/url]，操作流程如下：启动 VNC Viewer 软件→Server，输入“144. 194. 192. 183：1”→单击“OK”→Password 输入登录密码→单击“OK”，登录到 X-Window 图形桌面环境→测试成功。第二种方法是使用 Web 浏览器（如 Firefox、IE、Safari）登录测试，操作流程如下：在地址栏中输入 http：//144. 194. 192. 183：5801/→出现 VNC Viewer for Java（此工具是使用 Java 编写的 VNC 客户端程序）界面，同时跳出 VNC Viewer 对话框，在 Server 处输入“144. 194. 192. 183：1”，单击“OK”→Password 输入登录密码→单击“OK”，登录到 X-Window 图形桌面环境→测试成功（注：VNC viewer for Java 需要 JRE 支持，如果页面无法显示，表示没有安装 JRE，可以到 http：//java. sun. com/javase/downloads/index_jdk5. jsp 下载最新的 JRE 进行安装）。

（5）配置 VNC 图形桌面环境为 KDE 或 GNOME 桌面环境。

如果是按照上面方法进行配置的，登录到桌面后效果是非常简单的，只有一个 Shell 可供使用，这是为什么呢？怎么才能看到可爱并且美丽的 KDE 或 GNOME 桌面环境呢？回答如下：之所以那么难看，是因为 VNC 服务默认使用的是 twm 图形桌面环境的，可以在 VNC 的配置文件 xstartup 中对其进行修改，先看一下这个配置文件：

```
[root@ testdb ~]#cat  /root/.vnc/xstartup#! /bin/sh
#Uncomment the following two lines for normal desktop:#unset SESSION_MANAGER  #exec/etc/X11/xinit/xinitrc  [-x/etc/vnc/xstartup]&& exec/etc/vnc/xstartup  [-r $HOME/.Xresources]&& xrdb $HOME/.Xresources xsetroot -solid grey vncconfig -iconic &  xterm -geometry 80x24 +10 +10 -ls -title"$VNCDESKTOP Desktop"& twm &
```

将这个 xstartup 文件的最后一行修改为“startkde &”，再重新启动 vncserver 服务后就可以登录到 KDE 桌面环境。将这个 xstartup 文件的最后一行修改为“gnome-session &”，再重新启动 vncserver 服务后，就可以登录到 GNOME 桌面环境。重新启动 vncserver 服务的方法如下：

```
[root@ testdb ~]#vncserver  -kill:1
[root@ testdb ~]#vncserver:1
```

（6）配置多个桌面。

可以使用以下方法启动多个桌面的 VNC vncserver：（1）vncserver：（2）vncserver：（3）…但是这种手工启动的方法在服务器重新启动之后将失效，因此，下面介绍如何让系统自动 [url=javascript:;] 管理 [/url] 多个桌面的 VNC。方法是：将需要自动管理的信息添加到/etc/sysconfig/vncservers 配置文件中，先以桌面 1 为 root 用户、桌面 2 为 oracle 用户为例进行配置，格式为：

```
VNCSERVERS="桌面号:使用的用户名桌面号:使用的用户名"[root@ testdb ~]#vi/etc/sysconfig/vncservers VNCSERVERS="1:root 2:oracle" VNCSERVERARGS[1]="-geometry 1024x768"VNCSERVERARGS[2]="-geometry 1024x768"
```

（7）修改 VNC 访问的密码。

使用命令 vncpasswd 对不同用户的 VNC 的密码进行修改，一定要注意，如果配置了不同

用户的VNC，需要分别到各自用户中进行修改。例如，在这个实验中，root用户和oracle用户需要分别修改，修改过程如下：

```
[root@ testdb ~]#vncpasswd  Password:Verify:
[root@ testdb ~]#
```

（8）启动和停止VNC服务。

①启动VNC服务命令：

```
[root@ testdb ~]#/etc/init.d/vncserver start Starting VNC server:1:
root  New'testdb:1(root)'desktop is testdb:1  Starting applications
specified in/root/.vnc/xstartup Log file is/root/.vnc/testdb:1.log  2:
oracle  New'testdb:2(oracle)'desktop is testdb:2  Starting applications
specified  in/home/oracle/.vnc/xstartup  Log  file  is/home/oracle/.vnc/
testdb:2.log[OK]
```

②停止VNC服务命令：

```
[root@ testdb ~]#/etc/init.d/vncserver stop Shutting down VNC serv-
er:1:root 2:oracle[OK]
```

③重新启动VNC服务命令：

```
[root @ testdb ~]#/etc/init.d/vncserver restart Shutting down VNC
server:1:root 2:oracle[OK]Starting VNC server:1:root New'testdb:1(root)'
desktop is testdb:1 Starting applications specified in/root/.vnc/xstar-
tup Log file is/root/.vnc/testdb:1.log 2:oracle New'testdb:2(oracle)'
desktop is testdb:2 Starting applications specified in/home/oracle/.vnc/
xstartup Log file is/home/oracle/.vnc/testdb:2.log[OK]
```

④设置VNC服务随系统启动自动加载。第一种方法：使用"ntsysv"命令启动图形化服务配置程序，在vncserver服务前加上星号，单击"确定"按钮，配置完成。第二种方法：使用"chkconfig"在命令行模式下进行操作，命令如下（预知chkconfig详细使用方法请自助式man一下）：

```
[root@ testdb ~]#chkconfig vncserver on
[root@ testdb ~]#chkconfig --list
vncserver vncserver      0:off    1:off    2:on     3:on    4:on
   5:on      6:off
```

实训 使用不同的远程管理服务器登录系统

1. 实训目的

掌握Telnet、SSH、VNC远程管理服务器登录系统方法。

2. 实训内容

练习利用Telnet、SSH、VNC服务器登录系统。

3. 实训练习

（1）建立Telnet服务器，要求配置Telnet服务器同时只允许两个连接，配置Telnet服务器在 2323 端口监听客户机的连接。

（2）建立 SSH 服务器，要求配置 SSH 服务器绑定的 IP 地址为 192.168.16.177。在 SSH 服务器启用公钥认证。

（3）建立 VNC 服务器，要求配置 VNC 服务器。使用 GNOME 图形桌面环境。配置 VNC 服务器每次启动都会自动创建桌面号。在 VNC 服务器启用远程协助功能。

4. 实训分析

要完成这个实训可以：①搭建 Telnet 服务器来完成配置；②搭建 SSH 服务器来完成相应设置；③搭建 VNC 服务器来完成配置。

5. 实训报告

按要求完成实训报告。

项目 5

架设 FTP 服务器

【学习目标】

知识目标：

- 了解文件传输协议。
- 理解 FTP 服务器的工作模式和过程。
- 了解 FTP 服务器软件 vsftpd。
- 掌握安装和配置 FTP 服务器的方法。

能力目标：

- 会安装和启动默认的 vsftpd 服务。
- 能配置匿名用户访问的 FTP 服务器。
- 能配置本地用户访问的 FTP 服务器。
- 能配置虚拟用户访问的 FTP 服务器。

【项目描述】

在安装和配置了公司的 DHCP 和 DNS 服务器之后，还要为公司搭建一台 FTP 服务器，以方便公司员工交换信息，并实现资源的共享。

【任务分解】

学习本项目需要完成 3 个任务：任务 1，安装、启动与停止 vsftpd 服务；任务 2，配置 vsftpd 常规服务；任务 3，匿名与虚拟用户 FTP 服务器配置。

【问题引导】

- 什么是 FTP？
- FTP 服务器是如何传送数据的？
- FTP 有哪些类型的用户？
- 常用的 FTP 命令有哪些？
- 如何安装和配置 FTP 服务器？
- 如何从客户端访问 FTP 服务器？

【知识学习】

FTP 是 Internet 中的一种传输协议，同时，它也是一个应用程序。用户可以通过 FTP 将个人计算机与世界各地所有运行 FTP 协议的服务器连接起来，通过 FTP 上传或下载程序和数据。在 Linux 中，可以方便地安装和配置 FTP 服务器。本章将详细介绍 vsftpd 服务器的安装和配置过程。

FTP（File Transfer Protocol，文件传输协议）是 TCP/IP 的一种应用，位于 TCP 模型的第 4 层（应用层）。

在 TCP/IP 协议中，FTP 协议与其他应用层协议有所不同，FTP 协议需要占用两个端口：一个端口是控制端口（固定为 21），该端口作为控制连接端口，用来发送指令给服务器，等待服务器响应，在 FTP 连接区间，该端口将一直被占用，释放该端口，就结束了 FTP 连接；另一个端口是数据传输端口，用来传输数据，数据传输完成后，该端口被释放，根据使用的模式不同，数据传输端口可以使用不同的端口号。

FTP 工作原理如图 5－1 所示。

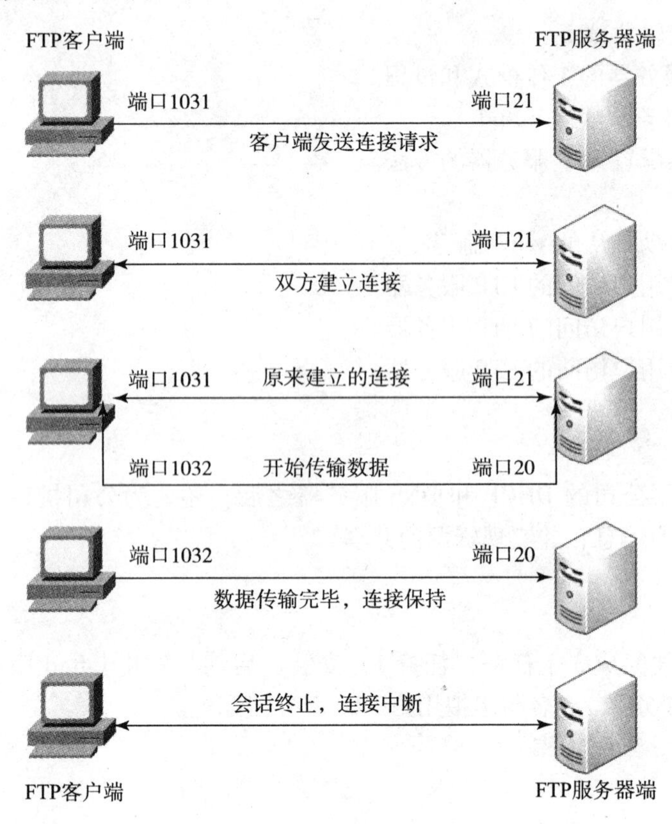

图 5－1　FTP 工作原理

在进行通信时，FTP 需要建立两个 TCP 连接：

①控制连接，标准端口为 21，用于发送 FTP 命令信息。

②数据连接，标准端口为 20，用于上传、下载数据。

FTP 用户的类型：

- 本地用户：账号名称、密码等信息保存在 passwd、shadow 文件中。
- 虚拟用户：使用独立的账号、密码数据文件。
- 匿名用户：FTP 服务不同于 WWW，它首先要求登录到服务器上，然后再进行文件的传输，这对于很多公开提供软件下载的服务器来说十分不便，于是匿名用户访问就诞生了。

通过使用一个共同的用户名anonymous，密码不限的管理策略（一般使用用户的邮箱作为密码即可），让任何用户都可以很方便地从这些服务器上下载软件。

FTP有两种工作模式，即主动模式和被动模式。

- 主动模式（PORT）：服务器主动向客户端发起数据连接。首先由客户端向服务器的FTP端口（默认是21）发送连接请求，服务器接受连接，建立一条命令链路。当需要传送数据时，客户端在命令链路上用PORT命令告诉服务器："我打开了××××端口，你过来连接我"。当服务器端收到这个PORT命令后就会从20端口向客户端打开的那个端口发送连接请求，建立一条数据链路来传送数据。
- 被动模式（PASV）：在该模式下服务器端在指定范围内的某个端口被动等待客户端发起数据连接。客户端向服务器的FTP端口（默认是21）发送连接请求，服务器接受连接，建立一条控制连接。当需要传送数据时，服务器在命令链路上用PASV命令告诉客户端："我打开了××××端口，你过来连接我"。当客户端收到这个信息后，就可以向服务器的××××端口发送连接请求，建立一条数据链路来传送数据。

目前流行的FTP服务器软件有vsftpd、PureFTPD、Wu - ftpd等，vsftpd软件的特点为安全、高速、高稳定性、体积小、可定制性强、效率高。

下面介绍常用的FTP命令。

FTP > ?：显示ftp命令说明。"?"与help意义相同。

格式：? [command]

FTP > append：使用当前文件类型设置将本地文件附加到远程计算机上的文件。

格式：append local - file [remote - file]

FTP > ascii：将文件传送类型设置为默认的ASCII。

FTP > binary（或bi）：将文件传送类型设置为二进制。

FTP > bell：切换响铃，以在每个文件传送命令完成后响铃。默认情况下铃声是关闭的。

FTP > bye（或by）：结束与远程计算机的FTP会话，并退出ftp。

FTP > cd：更改远程计算机上的工作目录。

格式：cd remote - directory

FTP > close：结束与远程服务器的FTP会话，并返回命令解释程序。

FTP > debug：切换调试。

FTP > delete：删除远程计算机上的文件。

格式：delete remote - file

FTP > dir：显示远程目录文件和子目录列表。

格式：dir [remote - directory] [local - file]

FTP > disconnect：从远程计算机断开，保留ftp提示。

FTP > get：使用当前文件转换类型将远程文件复制到本地计算机。

格式：get remote - file [local - file]

FTP > glob：切换文件名组合。组合允许在内部文件或路径名中使用通配符（*和?）。默认情况下组合是打开的。

FTP > hash：切换已传输的每个数据块的数字签名（#）打印。数据块的大小是2 048 B。默认情况下散列符号打印是关闭的。

FTP > lcd：更改本地计算机上的工作目录。默认情况下工作目录是启动 ftp 的目录。

格式：lcd [directory]

FTP > type：设置或显示文件传送类型。

格式：type [type – name]

FTP > mdelete：删除远程计算机上的文件。

格式：mdelete remote – files [...]

FTP > mdir：显示远程目录文件和子目录列表，可以使用 mdir 指定多个文件。

格式：mdir remote – files [...] local – file

FTP > mget：使用当前文件传送类型将远程文件复制到本地计算机。

格式：mget remote – files [...]

FTP > mkdir：创建远程目录。

格式：mkdir directory

FTP > mls：显示远程目录文件和子目录的缩写列表。

格式：mls remote – files [...] local – file

FTP > mput：使用当前文件传送类型将本地文件复制到远程计算机上。

格式：mput local – files [...]

FTP > open：与指定的 FTP 服务器连接。

格式：open computer [port]

FTP > put：使用当前文件传送类型将本地文件复制到远程计算机上。

格式：put local – file [remote – file]

FTP > pwd：显示远程计算机上的当前目录。

FTP > quit：结束与远程计算机的 FTP 会话，并退出 ftp。

FTP > rmdir：删除远程目录。

格式：rmdir directory

FTP > status：显示 FTP 连接和切换的当前状态。

FTP 命令的返回值含义如表 5 – 1 所示。

表 5 – 1　FTP 命令的返回值含义

数字	含义	数字	含义
110	重新启动标记应答	213	文件的状态
120	服务在多久时间内 ready	214	求助的信息
125	打开数据连接，传输开始	215	名称系统类型
150	文件状态正常，开启数据连接端口	220	新的联机服务就绪
200	命令被接受执行成功	221	服务的控制连接关闭，可以注销
202	命令执行失败	225	数据连接开启，但无传输动作
211	系统状态或是系统求助响应	226	关闭数据连接端口，请求的文件操作成功
212	目录的状态	227	进入被动传输状态

续表

数字	含义	数字	含义
230	使用者登入	500	格式错误，无法识别命令
250	请求的文件操作完成	501	参数语法错误
257	显示目前的路径名称	502	命令执行失败
331	用户名称正确，需要密码	503	命令顺序错误
332	登入时需要账号信息	504	命令所接受的参数不正确
350	请求的操作需要进一步的命令	530	登录不成功
421	无法提供服务，关闭控制连接	532	储存文件需要账户登入
425	无法开启数据链路	550	未执行请求的操作
426	关闭联机，终止传输	551	请求的命令终止，类型未知
450	请求的操作未执行	552	请求的文件终止，储存位溢出
451	命令终止：有本地的错误	553	未执行请求的命令，名称不正确
452	未执行命令：磁盘空间不足		

任务1　安装、启动与停止 vsftpd 服务

【任务描述】

在 Linux 服务器中需要架设一台 FTP 服务器，并对其进行测试。

【任务分析】

本任务主要介绍了安装、启动、登录与停止 vsftpd 服务，vsftpd 服务器安装并启动服务后，用其默认配置就可以正常工作了。vsftpd 默认的匿名用户账号为 ftp，密码也为 ftp。

【任务实施】

1. 检查是否安装 vsftpd 软件

```
#rpm  -qa |grep  vsftpd
```

RHEL 6.4 系统自带了 vsftpd，默认情况下，vsftpd 未安装，若无任何显示，说明 vsftpd 未安装，可执行下列命令来进行安装：

```
[root@ ftp_server ~]#mount  /dev/cdrom  /mnt
[root@ ftp_server ~]#rpm -ivh mnt/Packages/vsftpd-2.2.2-11.el6. i686.rpm
```

2. vsftpd 服务的运行管理

vsftpd 启动、重启、状态查询、停止等操作。

```
service  vsftpd  start |restare | status | stop
```

设置 vsftpd 自启动：

```
[root@ ftp_server ~]#chkconfig   --level  35  vsftpd  on
[root@ ftp_server ~]#chkconfig   --list  vsftpd
vsftpd  0:off  1:off  2:off  3:on   4:off   5:on   6:off
```

3. 启动 vsftpd 服务并查看端口占用情况

```
#netstat  -nutap|grep  ftp
```

4. Linux 客户端访问 vsftpd 服务器

步骤 1：在服务器端设置防火墙，开启 FTP 服务端口。

步骤 2：在 RHEL 6.4 客户机上安装 FTP 的客户端软件包。

步骤 3：在客户机上使用 FTP 命令登录 vsftpd 服务器，vsftpd 服务器安装并启动服务后，用其默认配置就可以正常工作了。vsftpd 默认的匿名用户账号为 ftp，密码也为 ftp。

```
[root@ftp_client ~]#ftp 172.16.102.61
Connected to 172.16.102.61(172.16.102.61).
220(vsFTPd 2.2.2)
Name(172.16.102.61:root):ftp      //输入用户名
331 Please specify the password.
Password:      //输入用户密码
230 Login successful.
Remote system type is UNIX.
Using binary mode to transfer files.
ftp >ls
227 Entering Passive Mode(172,16,102,61,42,195).
150 Here comes the directory listing.
drwxr-xr-x    2 0        0           4096 Mar 02  2012 pub
226 Directory send OK.
ftp >mkdir  dir1       //在服务器上创建一个文件夹
550 Permission denied.  //权限被拒绝,表明匿名登录在默认配置下不能上传信息
ftp >bye
221Goodbye.
```

任务 2　配置 vsftpd 常规服务

【任务描述】

安装并启动 vsftpd 后以一个实例来对 vsftpd 进行配置，现有一台 FTP 和 Web 服务器，FTP 的功能主要用于维护学校的 Web 网站内容，包括上传文件、创建目录、更新网页等。

学校现有两个部门负责维护任务，并分别使用user1和user2账号进行管理。先要求仅允许user1和user2账号登录FTP服务器，但不能登录本地系统，并将这两个账号的根目录限制为/var/www/html，不能进入该目录以外的任何目录。

【任务分析】

将FTP和Web服务器做在一起是企业经常采用的方法，这样方便实现对网站的维护，为了增强安全性，首先，需要使用仅允许本地用户访问，并禁止匿名用户登录。其次，使用chroot功能将user1和user2锁定在/var/www/html目录下。如果需要删除文件，则还需要注意本地权限。

【任务实施】

1. 了解vsftpd常用的配置参数和相关配置文件

与vsftpd服务相关的配置文件包括以下几个。

- /etc/vsftpd/vsftpd. conf：vsftpd服务器的主配置文件。
- /etc/vsftpd. ftpusers：在该文件中列出的用户清单将不能访问FTP服务器。
- /etc/vstpd. user_list：当/etc/vsftpd/vsftpd. conf文件中的“userlist_enable”和“userlist_deny”的值都为yes时，在该文件中列出的用户不能访问FTP服务器。当/etc/vsftpd/vsftpd. conf文件中的“userlist_enable”的取值为yes而“userlist_deny”的取值为no时，只有/etc/vstpd. user_list文件中列出的用户才能访问FTP服务器。

（1）登录及对匿名用户的设置。

anonymous_enable = yes：设置是否允许匿名用户登录FTP服务器。

local_enable = yes：设置是否允许本地用户登录FTP服务器。

write_enable = yes：全局性设置，设置是否对登录用户开启写权限。

local_umask = 022：设置本地用户的文件生成掩码为022。则对应权限为755（777 - 022 = 755）。

anon_umask = 022：设置匿名用户新增文件的umask掩码。

anon_upload_enable = yes：设置是否允许匿名用户上传文件，只有在write_enable的值为yes时，该配置项才有效。

anon_mkdir_write_enable = yes：设置是否允许匿名用户创建目录，只有在write_enable的值为yes时，该配置项才有效。

anon_other_write_enable = no：若设置为yes，则匿名用户会被允许拥有多于上传和建立目录的权限，还有删除和更名的权限。默认值为no。

ftp_username = ftp：设置匿名用户的账户名称，默认值为ftp。

no_anon_password = yes：设置匿名用户登录时是否询问口令。设置为yes，则不询问。

用户登录FTP服务器成功后，服务器可以向登录用户输出预设置的欢迎信息。

ftpd_banner = Welcome to blah FTP service：设置登录FTP服务器时显示的信息。

banner_file = /etc/vsftpd/banner：设置用户登录时，将会显示banner文件中的内容，该设置将覆盖ftpd_banner的设置。

dirmessage_enable = yes：设置进入目录时是否显示目录消息。若设置为 yes，则用户进入目录时，将显示该目录中由 message_file 配置项指定文件（. message）中的内容。

message_file = . message：设置目录消息文件的文件名。如果 dirmessage_enable 的取值为 yes，则用户在进入目录时会显示该文件的内容。

（2）设置用户在 FTP 客户端登录后所在的目录。

local_root = /var/ftp：设置本地用户登录后所在的目录，默认情况下，没有此项配置。在 vsftpd. conf 文件的默认配置中，本地用户登录 FTP 服务器后，所在的目录为用户的家目录。

anon_root = /var/ftp：设置匿名用户登录 FTP 服务器时所在的目录。若未指定，则默认为/var/ftp 目录。

（3）设置是否将用户锁定在指定的 FTP 目录。

默认情况下，匿名用户会被锁定在默认的 FTP 目录中，而本地用户可以访问到自己 FTP 目录以外的内容。出于安全性的考虑，建议将本地用户也锁定在指定的 FTP 目录中。可以使用以下几个参数进行设置：

chroot_list_enable = yes：设置是否启用 chroot_ list_ file 配置项指定的用户列表文件。

chroot_local_user = yes：用于指定用户列表文件中的用户，是否允许切换到指定 FTP 目录以外的其他目录。

chroot_list_file = /etc/vsftpd. chroot_ list：用于指定用户列表文件，该文件用于控制哪些用户可以切换到指定 FTP 目录以外的其他目录。

（4）设置用户访问控制。

对用户的访问控制由/etc/vsftpd. user_list 和/etc/vsftpd. ftpusers 文件控制。/etc/vsftpd. ftpusers 文件专门用于设置不能访问 FTP 服务器的用户列表。而/etc/vsftpd. user_list 由下面的参数决定。

userlist_enable = yes：取值为 yes 时/etc/vsftpd. user_list 文件生效，取值为 no 时/etc/vsftpd. user_list 文件不生效。

userlist_deny = yes：设置/etc/vsftpd. user_list 文件中的用户是否允许访问 FTP 服务器。若设置为 yes 时，则/etc/vsftpd. user_list 文件中的用户不能访问 FTP 服务器；若设置为 no 时，则只有/etc/vsftpd. user_list 文件中的用户才能访问 FTP 服务器。

（5）设置主机访问控制。

tcp_wrappers = yes：设置是否支持 tcp_wrappers。若取值为 yes，则由/etc/hosts. allow 和/etc/hosts. deny 文件中的内容控制主机或用户的访问。若取值为 no，则不支持。

（6）设置 FTP 服务的启动方式及监听 IP。

vsftpd 服务既可以以独立方式启动，也可以由 xinetd 进程监听以被动方式启动。

listen = yes：若取值为 yes 则 vsftpd 服务以独立方式启动。如果想以被动方式启动，将本行注释掉即可。

listen_address = IP：设置监听 FTP 服务的 IP 地址，适合于 FTP 服务器有多个 IP 地址的情况。如果不设置，则在所有的 IP 地址监听 FTP 请求。只有 vsftpd 服务在独立启动方式下才有效。

（7）与客户连接相关的设置。

anon_max_rate =0：设置匿名用户的最大传输速度，若取值为 0，则不受限制。

local_max_rate =0：设置本地用户的最大传输速度，若取值为 0，则不受限制。

max_clients =0：设置 vsftpd 在独立启动方式下允许的最大连接数，若取值为 0，则不受限制。

max_per_ip =0：设置 vsftpd 在独立启动方式下允许每个 IP 地址同时建立的连接数目。若取值为 0，则不受限制。

accept_timeout =60：设置建立 FTP 连接的超时时间间隔，以秒为单位。

connect_timeout =120：设置 FTP 服务器在主动传输模式下建立数据连接的超时时间，单位为秒。

data_connect_timeout =120：设置建立 FTP 数据连接的超时时间，单位为秒。

idle_session_timeout =600：设置断开 FTP 连接的空闲时间间隔，单位为秒。

pam_service_name = vsftpd：设置 PAM 所使用的名称。

（8）设置上传文档的所属关系和权限。

chown_uploads = yes：设置是否改变匿名用户上传文档的属主。默认为 no。若设置为 yes，则匿名用户上传的文档属主将由 chown_username 参数指定。

chown_username = whoever：设置匿名用户上传文档的属主。建议不要使用 root。

file_open_mode =755：设置上传文档的权限。

（9）设置数据传输模式。

FTP 客户端和服务器端在传输数据时，既可以采用二进制方式，也可以采用 ASCII 码方式。

ascii_download_enable = yes：设置是否启用 ASCII 码模式下载数据。默认为 no。

ascii_upload_enable = yes：设置是否启用 ASCII 码模式上传数据。默认为 no。

2. 建立维护网站内容的本地用户 user1 和 user2 并禁止本地登录，然后设置其密码

输入命令如下：

```
[root@ RHEL6 ~]#useradd  -s  /sbin/nologin   user1
[root@ RHEL6 ~]#useradd  -s  /sbin/nologin  user2
[root@ RHEL6 ~]#passwd   user1
[root@ RHEL6 ~]#passwd   user2
```

3. 创建上传根目录并修改其权限

输入命令如下：

```
[root@ RHEL6 ~]##mkdir  -p  /var/www/html    //创建目录
[root@ RHEL6 ~]#ll  -d  /var/www/html    //显示目录属性
drwxr-xr-x 2 root root 4096 11-14 18:46 /var/www/html
[root@ RHEL6 ~]#chmod  -R  o+w  /var/www/html  //修改目录权限
[root@ RHEL6 ~]#ll  -d   /var/www/html       //显示目录属性
drwxr-xrwx 2 root root 4096 11-14 18:46 /var/www/html
[root@ ftp_server ~]#echo  "this is www.RHEL6.edu's web" >
```

4. 修改安全上下文使上传根目录具有写入（上传）的功能

```
[root@ ftp_server ~]#chcon  -t  public_content_rw_t  /var/www/ht-
ml
```

5. 配置 vsftpd. conf 主配置文件并作相应修改

```
[root@ ftp_server ~]#vim  /etc/vsftpd/vsftpd.conf
//查找或添加以下行并修改之，其他配置行保持默认
anonymous_enable=no        //禁止匿名用户登录
local_enable=yes           //允许本地用户登录
write_enable=yes
local_umask=022
local_root=/var/www/html   //设置本地用户的根目录为/var/www/html
chroot_local_user=yes
chroot_list_enable=yes  //开启能锁定用户的 chroot 功能
chroot_list_file=/etc/vsftpd/chroot_list   //设置锁定用户在根目录中的
列表文件
userlist_enable=yes
//保存退出
```

6. 建立/etc/vsftpd/chroot_list 文件并添加 user1 和 user2 账号

```
[root@ RHEL6 ~]#vim  /etc/vsftpd/chroot_list
User1
user2
```

7. 修改 SELinux 允许本地用户登录

```
[root@ ftp_server ~]#getsebool  -a |grep ftp
//查看与 ftp 有关的所有 SELinux 的布尔值
[root@ ftp_server ~]#setsebool  -P  ftp_home_dir  on
```

8. 重启 vsftpd 服务使配置生效并开启 21 号端口

```
[root@ ftp_server ~]#service  vsftpd  restart
[root@ ftp_server ~]#iptables  -I  INPUT  -p  tcp  --dport 21  -j
ACCEPT
```

9. 登录

在客户端 IE 浏览器的地址栏中输入“ftp：//172. 16. 102. 61”后按 Enter 键，在打开的 FTP 登录窗口中输入用户名和密码，单击“登录”按钮，如图 5 -2 所示。

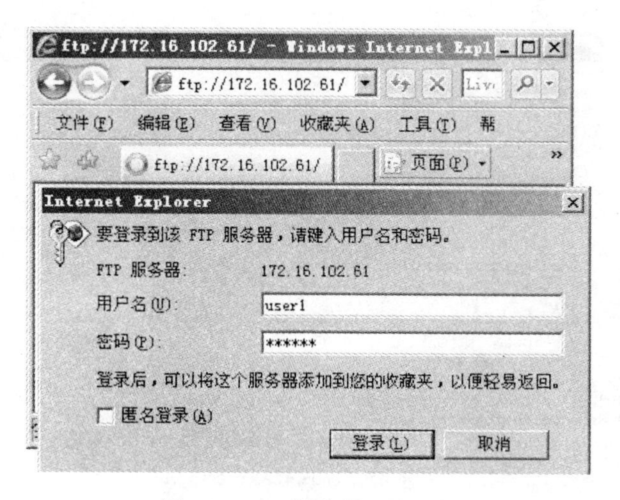

图 5－2　IE 浏览器登录 FTP

10. 上传和下载

从 FTP 登录窗口内拖拽文件（夹）到本地硬盘（E:）的窗口完成下载，从本地硬盘（E:）的窗口内将文件（夹）拖拽到 FTP 登录窗口完成上传，如图 5－3 所示。

图 5－3　FTP 和本地硬盘间的文件传递

11. 测试在物理机的字符

其界面如图 5－4 所示。

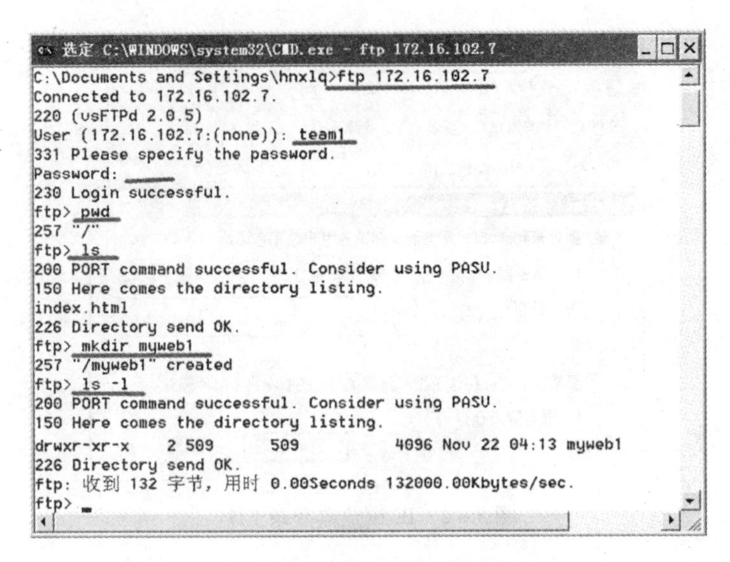

图 5-4 测试字符界面结果

任务 3 匿名与虚拟用户 FTP 服务器配置

【任务描述】

现要配置一个 FTP 服务器允许匿名用户登录，对所有互联网用户开放共享目录，提供相关学习资料的下载，但禁止上传；公司内部的员工能够使用 FTP 服务器进行上传和下载，但不可以删除数据。为保证服务器的稳定性，要对用户访问和下载/上传流量进行控制。

【任务分析】

允许所有员工上传和下载文件，需要设置成允许匿名用户登录并且需要将允许匿名用户上传功能开启，最后 anon_mkdir_write_enable 字段可以控制是否允许匿名用户创建目录，考虑到 FTP 的安全性，对于不同用户进行不同的权限限制，FTP 服务器需要实现用户的审核，考虑到服务器的安全性，关闭本地用户登录，使用虚拟用户验证机制，并对不同虚拟用户设置不同的权限。为了保证服务器的整体性能，还须根据用户的等级，限制客户端的连接数及下载速度。

【任务实施】

（1）编辑配置文件 vsftpd. conf，允许匿名用户访问，并允许上传文件、创建目录。命令如下：

```
[root@ ftp_server ~]#vim  /etc/vsftpd/vsftpd.conf
//查找以下 4 行并修改之,其他配置行保持默认
anonymous_enable=yes  //12 行:允许匿名用户访问
write_enable=yes  //18 行:允许开放写权限
```

```
anon_upload_enable=yes  //27行:允许匿名用户上传文件
anon_mkdir_write_enable=yes  //31行:允许匿名用户创建目录
anon_umask=022  //需要添加此行
anon_world_readable_only=no  //需要添加此行且为no,否则不能下载
//保存退出
```

(2) 创建一个供上传资源的目录tea_stu，调整该目录的属主或权限，确保匿名用户ftp有权在目录tea_stu中写入文件。配置文件vsftpd.conf，允许匿名用户访问，并允许上传文件、创建目录。命令如下：

```
[root@ftp_server ~]#mkdir  /var/ftp/tea_stu
[root@ftp_server ~]#ll  -dl  /var/ftp/tea_stu
drwxr-xr-x.2 root root 4096 10月 13 18:18 /var/ftp/tea_stu
[root@ftp_server ~]#chown  ftp  /var/ftp/tea_stu
[root@ftp_server ~]#ll  -dl  /var/ftp/tea_stu
drwxr-xr-x.2 ftp root 4096 10月 13 18:18 /var/ftp/tea_stu
```

(3) 修改selinux，使selinux支持匿名用户上传使用getsebool -a | grep ftp命令，可以找到ftp的bool值，其中第一行：allow_ftpd_anon_write的当前值为off，需改为on。命令如下：

```
[root@ftp_server ~]#getsebool  -a |grep ftp  //显示与ftp相关的所有selinux的布尔值
allow_ftpd_anon_write-->off
allow_ftpd_full_access-->off
……
[root@ftp_server ~]#setsebool  -P  allow_ftpd_anon_write  on  //修改指定项的布尔值
[root@ftp_server ~]#setsebool  -P  ftp_home_dir  on
[root@ftp_server ~]#getsebool  -a |grep  ftp
allow_ftpd_anon_write-->on  //修改为on后,才允许匿名用户上传连接
allow_ftpd_full_access-->off
```

(4) 修改上下文，使用reboot命令重新启动服务器，命令如下：

```
[root@ftp_server ~]#ll  -Zd /var/ftp/tea_stu
drwxr-xr-x  ftp root root:object_r:public_content_t  /var/ftp/tea_stu
[root@ftp_server ~]#chcon  -t public_content_rw_t  /var/ftp/tea_stu
[root@ftp_server ~]#ll  -Zd /var/ftp/tea_stu
drwxr-xr-x  ftp root root:object_r:public_content_rw_t  /var/ftp/tea_stu
[root@ftp_server ~]#reboot
```

(5) 在3、5级别开启vsftpd服务自动启动，命令如下：

```
[root@server1 ~]#chkconfig  --list |grep vsftpd
vsftpd    0:关闭  1:关闭  2:关闭  3:关闭  4:关闭  5:关闭  6:关闭
[root@server1 ~]#chkconfig  --level  35  vsftpd on
```

```
[root@ server1 ~]#chkconfig  --list |grep  vsftpd
vsftpd        0:关闭  1:关闭  2:关闭  3:启用  4:关闭  5:启用  6:关闭
```

（6）建立虚拟用户的用户名、密码列表的文本文件 v_user. txt，添加公共账号 ftp 及员工账号 team 两个虚拟用户。奇数行为账号名，偶数行为上一行中账号的密码，命令如下：

```
[root@ ftp_server ~]#vi  /etc/vsftpd/vusers.list
ftp
123
team
456
```

（7）安装 db_load 转换工具，将文本文件 v_user. txt 转化为数据库文件 v_user. db。命令如下：

```
[root@ ftp_server ~]#mount  /dev/cdrom  /mnt
[root@ ftp_server ~]#rpm  -ivh  /mnt/Packages/db4-utils-4.7.25-17.el6.i686.rpm
[root@ ftp_server ~]#cd  /etc/vsftpd/
[root@ ftp_server vsftpd]#db_load  -T  -t  hash  -f  v_user.txt  v_user.db
```

（8）修改数据库文件访问权限。命令如下：

```
[root@ ftp_server ~]#chown  600  /etc/vsftpd/v_user.*
```

（9）创建虚拟用户对应的本地用户，并设置用户主目录的访问权限。

```
[root@ RHEL6 ~]#useradd  -d/var/ftp/share/  -s/sbin/nologin  ftpuser
[root@ RHEL6 ~]#useradd  -d/var/ftp/teacherdir/  -s/sbin/nologin  ftpteacher
[root@ RHEL6 ~]#chmod  -R 500  /var/ftp/share/
[root@ RHEL6 ~]#chmod  -R 700  /var/ftp/teacherdir/
[root@ ftp_server ~]#chcon  -t  public_content_rw_t  /var/ftp/share/
[root@ ftp_server ~]#chcon  -t  public_content_rw_t  /var/ftp/teacherdir/
```

（10）建立支持虚拟用户的 PAM 认证文件，命令如下：

```
[root@ RHEL6 ~]#vim  /etc/pam.d/vuser.vu        //配置文件的名称可以自行定义
#%PAM-1.0
auth  required  pam_userdb.so db=/etc/vsftpd/v_user(对应于第 1 步中建立的 v_users.db 文件)
account  required  pam_userdb.so db=/etc/vsftpd/v_user
```

（11）修改/etc/vsftpd/vsftpd. conf 主配置文件，命令如下：

```
[root@ ftp_server ~]#vim  /etc/vsftpd/vsftpd.conf
```

```
……
anonymous_enable=no
local_enable=yes           //使用虚拟用户一定要启用本地用户
chroot_local_user=yes      //将所有本地用户限制在家目录中(需添加)
guest_enable=yes           //启用用户映射功能,允许虚拟用户登录(需添加)
pam_service_name = vuser.vu   //指定对虚拟用户进行PAM认证的文件名vuser.vu
user_config_dir=/etc/vsftpd/vconfig   //指定虚拟用户的配置文件的位置(须添加)
……
```

(12) 为虚拟用户ftp、teacher建立各自独立的配置文件，命令如下:

```
[root@ ftp_server ~]#mkdir  /etc/vsftpd/vconfig/
[root@ ftp_server ~]#vim  /etc/vsftpd/vconfig/ftp    //确保配置文件名与虚拟用户名同名
guest_username=ftpuser        //设置ftp对应的本地用户为ftpuser
local_root = /var/ftp/share   //用户登录后所在的目录
anon_world_readable_only=no   //允许浏览和下载
anon_max_rate=500000          //限定传输速率为500 kB/s
//保存退出
[root@ ftp_server ~]#vim  /etc/vsftpd/vconfig/teacher
guest_username=ftpteacher
local_root = /var/ftp/teacherdir
anon_world_readable_only=no
write_enable=yes//允许写入
anon_upload_enable=yes        //允许上传
anon_mkdir_write_enable=yes   //允许创建文件夹
anon_max_rate=1000000         //限定传输速度为1 000 kB/s
//保存退出
```

(13) 修改SELinux允许本地用户登录和匿名用户具有写入权限，重新加载vsftpd服务，使配置生效，命令如下:

```
[root@ ftp_server ~]#setsebool  -P  ftp_home_dir  on
[root@ ftp_server ~]#setsebool  -P  allow_ftpd_anon_write  on
[root@ ftp_server ~]#service  vsftpd  reload
```

(14) 启动vsftpd服务、开启21号端口，命令如下:

```
#service  vsftpd  start
#iptables  -I  INPUT  -p  tcp  --dport  21  -j  ACCEPT
```

(15) 在Windows客户端启动IE浏览器，单击“工具”→“Internet选项”菜单命令，在打开的“Internet选项”对话框中单击“高级”选项卡，在“设置”列表框内找到“浏览”节点下的“使用被动FTP（用于防火墙和DSL调制解调器兼容性）”配置项，并将前面的钩去掉，单击“确定”按钮，如图 5－5 所示。

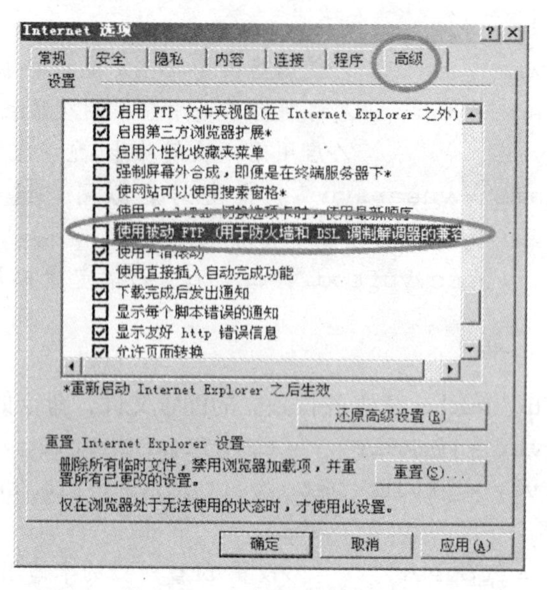

图 5－5　IE 浏览器选项设置

（16）在 IE 浏览器的地址栏中输入“ftp：//172.16.102.61”后按 Enter 键，单击“查看”按钮，选择“在 Windows 资源管理器中打开 FTP 站点”，系统登录 FTP 服务器。

（17）在 FTP 登录窗口单击“tea_stu”文件夹，进入该文件夹。从本地硬盘（如“E:”盘）的窗口内将文件（夹）拖拽到 ftp 登录窗口完成上传。从 ftp 登录窗口内拖拽文件（夹）到本地硬盘（E:）的窗口完成下载，而试图删除上传的文件（夹）则不允许，如图 5－6 所示。

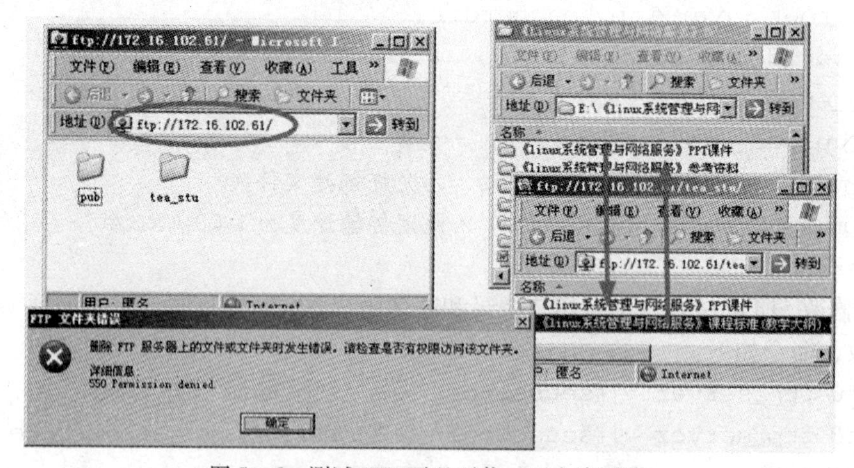

图 5－6　测试 FTP 可以下载、不允许删除

实训 1　为企业 FTP 服务器进行的配置

1. 实训目的

掌握 Linux 下 vsftpd 服务器的配置方法。

2. 实训内容

练习vsftpd服务器的各种配置。

3. 实训练习

在VMware虚拟机中启动一台Linux服务器作为vsftpd服务器，在该系统中添加用户user1和user2。

4. 实训分析

要完成这个实训可以：

(1) 确保系统安装了vsftpd软件包。

(2) 设置匿名账号具有上传功能，创建目录权限。

(3) 利用/etc/vsftpd.ftpusers文件，设置禁止本地user1用户登录FTP服务器。

(4) 设置本地用户user2在登录FTP服务器之后，进入dir目录时显示提示信息“welcome”。

(5) 设置将所有本地用户都锁定在家目录中。

(6) 设置只有在/etc/vsftpd.user_list文件中指定本地用户user1和user2可以访问FTP服务器，其他用户都不可以访问。

(7) 配置基于主机的访问控制。

(8) 使用PAM实现基于虚拟用户的FTP服务器的配置。

5. 实训报告

按要求完成实训报告。

实训2　FTP排错

1. 实训目的

掌握FTP常规错误解决方法。

2. 实训内容

通过几个常见的FTP错误，掌握vsftpd的排错方法。

3. 实训练习

(1) 练习拒绝账户登录（错误提示：OOPS无法改变目录）错误的解决。

(2) 练习客户端连接FTP服务器超时错误的解决。

(3) 练习账户登录失败错误的解决。

4. 实训分析

(1) 出现拒绝账户登录（错误提示：OOPS无法改变目录）错误时就要考虑：

①是否目录权限设置错误。

②是否开启了SELinux针对FTP数据传输的策略。

(2) 出现客户端连接FTP服务器超时错误时就要考虑：

①线路是否不同。

②防火墙是否屏蔽了端口21。

(3) 出现账户登录失败时就要考虑：

①是否密码错误。

②是否 PAM 验证模块错误。

③是否用户目录权限问题。

5. 实训报告

按要求完成实训报告。

项目 6

架设 DHCP 服务器

【学习目标】

知识目标：

- 了解 DHCP（Dynamic Host Configuration Protocol，动态主机配置协议）的基本概念。
- 了解 DHCP 服务器的工作原理。
- 熟悉 DHCP 的配置文件。
- 掌握 DHCP 的服务器安装与配置的方法。
- 掌握 DHCP 客户端的配置和测试。

能力目标：

- 会 DHCP 服务器的安装与配置方法。
- 会 DHCP 客户端的配置方法。

【项目描述】

公司现在业务量大增，现有的生产能力已经不能满足市场需求了。现招兵买马的同时，为了提高管理效率，公司为每位管理人员配备了一台计算机。当计算机从一个网络移动到另一个网络时，需要重新获知网络的 IP 地址、网关等信息，并对计算机进行设置。同事们大多数不会配置计算机，于是，就需要配置 DHCP。

【任务分解】

学习本项目需要完成 5 个任务：任务 1，安装运行 DHCP 服务器；任务 2，配置 DHCP 常规服务器；任务 3，完成 DHCP 简单配置；任务 4，完成 DHCP 服务器配置保留地址的应用；任务 5，在 Linux 下配置 DHCP 客户端。

【问题引导】

- DHCP 服务器有什么功能？
- DHCP 的工作流程是怎样的？
- DHCP 配置文件的内容有哪些？

【知识学习】

1. 配置 TCP/IP 参数的两种方法

在 TCP/IP 网络中，每台计算机要想进行通信以及存取网络上的资源，都必须配置

TCP/IP 参数，一些主要的 TCP/IP 参数如 IP 地址、子网掩码、默认网关、DNS 服务器等是必不可少的。配置这些参数有两种方法：

- 手工配置。
- 自动分配（自动向 DHCP 服务器获得 IP 地址）。

手工配置 TCP/IP 参数是一些网络管理员习惯使用的方法。通常，网络管理员需要创建一张详细的配置清单，并将其带在身上或存放在计算机上，以便于随时查阅并配置 IP 地址、子网掩码以及默认网关和 DNS 服务器的 IP 地址。这种方法看似简单可行，但相当费时且容易出错。

自动分配 TCP/IP 参数可以避免因手工配置带来的如工作量大、费时、易出错、地址易发生冲突等诸多问题，只需部署一台提供自动分配 TCP/IP 参数的服务器，其他计算机则无须配置或进行极为简单的配置就可以上网。把这种服务器称为 DHCP 服务器，动态获得 IP 地址的计算机就是 DHCP 客户端。

2. DHCP 概述

DHCP 是由 IETF（Internet Engineering Task Force，Internet 工程任务组）设计开发的，专门用于为 TCP/IP 网络中的计算机自动分配 IP 地址，并完成 TCP/IP 参数（包括 IP 地址、子网掩码、默认网关及 DNS 服务器等）配置的协议。

DHCP 服务器能够从预先设置的 IP 地址池中自动给主机分配 IP 地址，它不仅能够解决 IP 地址冲突的问题，也能及时回收 IP 地址以提高 IP 地址的利用率。

3. 使用 DHCP 服务

在实际工作中，通常在下列情况下需要采用 DHCP 服务器来自动分配 TCP/IP 参数：

（1）网络的规模较大，网络中需要分配 IP 地址的主机较多，特别是要在网络中增加和删除网络主机或者要重新配置网络时，手工配置的工作量很大，而且常常会因为用户不遵守规则而出现错误，导致 IP 地址的冲突等，这时可以采用 DHCP 服务。

（2）网络中的主机多，而 IP 地址不够用，这时也可以使用 DHCP 服务器来缓解这一问题。例如，某个网络上有 260 台计算机，采用静态 IP 地址时，每台计算机都需要预留一个 IP 地址，即共需要 260 个 IP 地址，但可用的 IP 地址只有 254 个，若采用手工配置，永远有 6 台计算机无法接入网络，然而实际工作中，这 260 台计算机并不可能同时开机，使用 DHCP 恰好可以调节 IP 地址的使用。但这种情况对 ISP（Internet Service Provider，互联网服务供应商）来说是一个十分严重的问题，如果 ISP 有 100 000 个用户，是否需要 100 000 个 IP 地址？因此，解决这个问题的方法就是使用 DHCP 服务。利用拨号上网实际上就是从 ISP 那里动态获得了一个公有的 IP 地址。

（3）一些主机（如采用无线或有线技术接入的笔记本计算机或 PDA）在不同的子网中移动时，可以通过 DHCP 在移动到某一个子网时自动获得该子网的 IP 地址，无须做任何额外的配置，从而满足了移动用户的需求。在报告厅、餐厅、宾馆等移动用户流动较大的公共场所，通常采用 DHCP 服务器分配 IP 地址。

4. DHCP 服务的工作过程

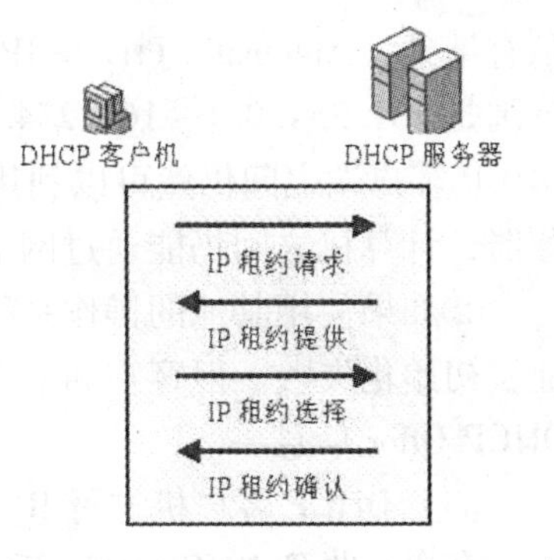

图 6－1　DHCP 的工作过程

1）DHCP 工作站第一次登录网络

当 DHCP 客户机第一次登录网络时，主要通过 4 个阶段与 DHCP 服务器建立联系，如图 6－1 所示。

（1）DHCP 客户机发送 IP 租约请求。

当 DHCP 客户机第一次启动时，由于客户机此时没有 IP 地址，也不知道服务器的 IP 地址，因此客户机在当前的子网中以 0.0.0.0 作为源地址，以 255.255.255.255 作为目标地址向 DHCP 服务器广播 DHCP Discover 报文，申请一个 IP 地址。DHCP Discover 报文中还包括客户机的 MAC 地址和主机名。

（2）DHCP 服务器提供 IP 地址。

DHCP 服务器收到 DHCP Discover 报文后，将从地址池中为它提供一个尚未被分配出去的 IP 地址，并把提供的 IP 地址暂时标记为“不可用”。服务器使用广播将 DHCP Offer 报文送回给客户机，DHCP Offer 报文中包含的信息如图 6－2 所示。如果网络中包含有不止一个 DHCP 服务器，则客户机可能收到好几个 DHCP Offer 报文，客户机通常只承认第一个 DHCP Offer。

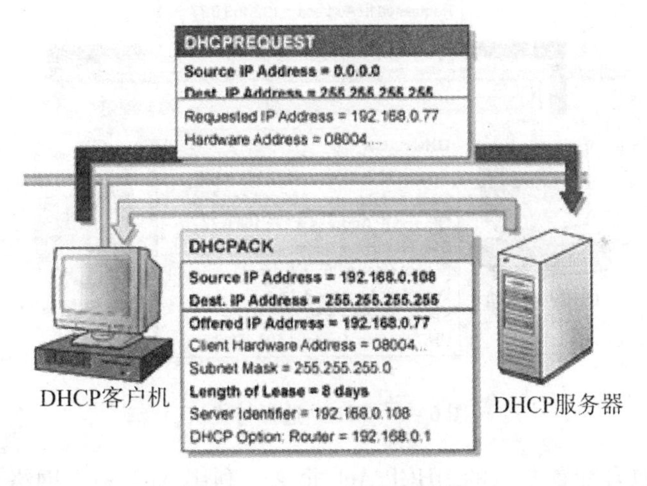

图 6－2　DHCP 请求和提供

DHCP 客户机将等待 1 秒，若 DHCP 客户机未能得到 DHCP 服务器提供的地址，将分别以 2 秒、4 秒、8 秒和 16 秒的时间间隔重新广播 4 次，若还没有得到 DHCP 服务器的响应，则 DHCP 客户机将以 0～1 000 毫秒内的随机时间间隔再次发出广播请求租用 IP 地址。

如果 DHCP 客户机经过上述努力仍未能从任何 DHCP 服务器端获得 IP 地址，则可能发生以下两种情况之一：

客户机将使用保留的 B 类地址 169.254.0.1～169.254.255.254 范围中的一个。

①如果客户端使用的是 Windows 2000 及后续版本，并且 Windows 操作系统将自动设置 IP 地址的功能处于激活状态，那么客户端将自动从 Microsoft 保留 IP 地址段中选择一个自动

私有地址（Automatic Private IP Address，APIPA）作为自己的 IP 地址。自动私有 IP 地址的范围是 169. 254. 0. 1 ~ 169. 254. 255. 254。使用自动私有 IP 地址，在 DHCP 服务器不可用时，DHCP 客户端之间仍然可以利用私有 IP 地址进行通信。所以，即使在网络中没有 DHCP 服务器，计算机之间仍能通过网上邻居发现彼此。

②如果使用其他的操作系统或自动设置 IP 地址的功能被禁止，则客户机无法获得 IP 地址，初始化失败。但客户机在后台每隔 5 分钟发送 4 次 DHCP Discover 信息，直到它收到 DHCP Offer 信息。

（3）DHCP 客户机进行 IP 租约选择。

客户机收到 DHCP Offer 后，向服务器发送一个包含有关 DHCP 服务器提供的 IP 地址的 DHCP Request 报文。如果客户机没有收到 DHCP Offer 报文并且还记得以前的网络配置，此时可以使用以前的网络配置（如果该配置仍然在有效期限内）。

（4）DHCP 服务器 IP 租约认可。

DHCP 服务器在收到 DHCP Request 信息后，立即发送 DHCP Ack 确认信息，以确定此租约成立，且此信息中还包含其他 DHCP 选项信息，如图 6 - 3 所示。

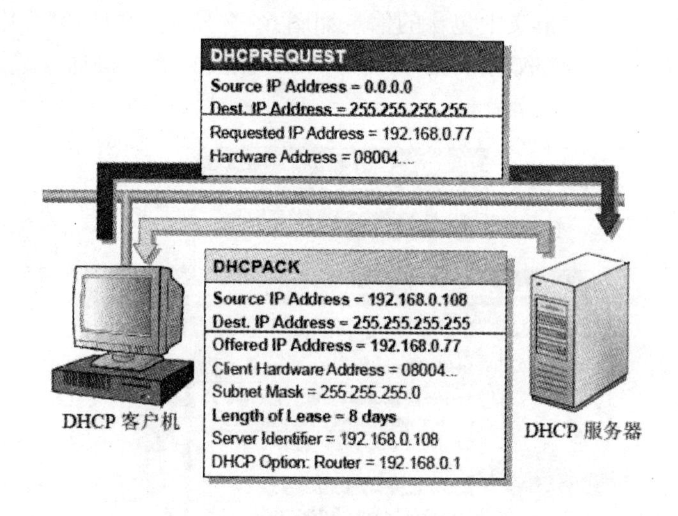

图 6 - 3　DHCP 选择与确认

客户机接收到包含配置参数的 DHCP Ack 报文，利用 ARP 检查网络上是否有相同的 IP 地址。如果检查通过，则客户机接受这个 IP 地址及其参数。如果发现有问题，客户机向服务器发送 DHCP Decline 信息，并重新开始新的配置过程。服务器收到 DHCP Decline 信息后，将该地址标记为“不可用”。

2）DHCP 工作站第二次登录网络

DHCP 客户机获得 IP 地址后再次登录网络时，就不需要再发送 DHCP Discover 报文了，而是直接发送包含前一次所分配的 IP 地址的 DHCP Request 报文。当 DHCP 服务器收到 DHCP Request 报文，会尝试让客户机继续使用原来的 IP 地址，并回答一个 DHCP Ack（确认信息）报文。

如果 DHCP 服务器无法分配给客户机原来的 IP 地址，则回答一个 DHCP NAck（不确认信息）报文。当客户机接收到 DHCP NAck 报文后，必须重新发送 DHCP Request 报文来请求

新的 IP 地址。

3）DHCP 租约的更新

DHCP 服务器将 IP 地址分配给 DHCP 客户机后，有租用时间的限制，DHCP 客户机必须在该次租用过期前对它进行更新。客户机在 50% 租借时间过去以后，每隔一段时间就开始请求 DHCP 服务器更新当前租约，如果 DHCP 服务器应答则租用延期。如果 DHCP 服务器始终没有应答，在有效租借期的 87.5% 时，客户机应该与任何一个其他的 DHCP 服务器通信，并请求更新它的配置信息。如果客户机不能和所有的 DHCP 服务器取得联系，租借时间到期后，它必须放弃当前的 IP 地址，并重新发送一个 DHCP Discover 报文开始上述的 IP 地址获得过程。

客户端可以主动向服务器发出 DHCP Release 报文，将当前的 IP 地址释放。

任务 1　安装运行 DHCP 服务器

【任务描述】

部署 DHCP 之前应该先进行规划，明确哪些 IP 地址用于自动分配给客户端（作用域中应包含的 IP 地址），哪些 IP 地址用于手工指定给特定的服务器。

【任务分析】

本节主要介绍 DHCP 服务的安装、配置与启动等内容。

【任务实施】

与 DHCP 服务相关的软件包有以下几个：

- dhcp *：DHCP 服务器软件包。
- dhclient *：DHCP 客户端软件包。
- dhcpdevel *：DHCP 开发工具。

（1）首先检测系统是否已经安装了 DHCP 相关软件：

```
[root@ server ~]#rpm  qa|grep  dhcp
dhcpv6_client1.0.1016.el5
```

（2）将第 3 张系统光盘放入光驱，挂载到/mnt/dhcp 目录，然后安装 DHCP 主程序：

```
[root@ server ~]#mkdir  /mnt/dhcp ;创建挂载目录
[root@server ~]#mount  /dev/cdrom/mnt/dhcp ;挂载到/mnt/dhcp 目录
[root@ server ~]#cd  /mnt/dhcp/Server
[root@ server ~]#dir dhcp*.*
[root@ server ~]#rpm ivh dhcp3.0.518.el5.i386.rpm
```

（3）如果需要还可以安装 DHCP 服务器开发工具软件包和 DHCP 的 IPv6 扩展工具。由于软件包都在第 3 张系统安装盘上，不用再重新挂载。

```
[root@ server ~]#rpm ivh dhcpdevel3.0.518.el5.i386.rpm
[root@ server ~]#rpm ivh dhcpv61.0.1016.el5.i386.rpm
```

(4) 安装完后再次查询，发现已安装成功：

```
[root@ server ~]#rpm qa |grep dhcp dhcpv6_client1.0. 1016.el5.i386.rpm
dhcp3.0.518.el5.i386.rpm
dhcpdevel3.0.518.el5.i386. rpm
dhcpv61.0.1016.el5.i386.rpm
```

任务 2　配置 DHCP 常规服务器

【任务描述】

基本的 DHCP 服务器搭建流程如下：

(1) 编辑主配置文件 dhcpd. conf，指定 IP 作用域（指定一个或多个 IP 地址范围）。

(2) 建立租约数据库文件。

(3) 重新加载配置文件或重新启动 dhcpd 服务使配置生效。

【任务分析】

本任务主要介绍 DHCP 的主配置文件 dhcpd. conf 参数，以及 DHCP 服务的启动与关闭等常规操作。

【任务实施】

1. 主配置文件 dhcpd. conf

(1) dhcpd. conf 主配置文件组成。

①parameters（参数）。

②declarations（声明）、option（选项）。

(2) dhcpd. conf 主配置文件整体框架 dhcpd. conf 包括全局配置和局部配置。全局配置可以包含参数或选项，该部分对整个 DHCP 服务器生效。局部配置通常由声明部分来表示，该部分仅对局部生效，如只对某个 IP 作用域生效。dhcpd. conf 文件格式如下：

#全局配置 参数或选项;#全局生效　#局部配置 声明{参数或选项 ;#局部生效}

当 DHCP 主程序包安装好后，会自动生成主配置文件的范本文件/usr/share/doc/dhcp3. 0. 5/dhcpd. conf. sample。而在/etc 目录下会建立一个空白的 dhcpd. conf 主配置文件。现在将范本配置文件复制到/etc 目录下，替换空白的 dhcpd. conf 主配置文件。

```
[root@server~]#cp  /usr/share/doc/dhcp3.0.5/dhcpd.conf.sample/etc/
dhcpd.conf
```

显示是否覆盖时，选择 y。DHCP 范本配置文件内容包含了部分参数、声明及选项的用法，其中注释部分可以放在任何位置，并以“#”符号开头，当一行内容结束时，以“;”符号结束，大括号所在行除外，如图 6 - 4 所示。

可以看出，整个配置文件分成全局和局部两部分。但是并不容易看出哪些属于参数，哪些属于声明和选项。

```
文件(F)  编辑(E)  查看(V)  终端(T)  标签(B)  帮助(H)
ddns-update-style interim;
ignore client-updates;

subnet 192.168.0.0 netmask 255.255.255.0 {

# --- default gateway
        option routers                  192.168.0.1;
        option subnet-mask              255.255.255.0;

        option nis-domain               "domain.org";
        option domain-name              "domain.org";
        option domain-name-servers      192.168.1.1;

        option time-offset              -18000; # Eastern Standard Time
#       option ntp-servers              192.168.1.1;
#       option netbios-name-servers     192.168.1.1;
# --- Selects point-to-point node (default is hybrid). Don't change this unless
# -- you understand Netbios very well
#       option netbios-node-type 2;

        range dynamic-bootp 192.168.0.128 192.168.0.254;
        default-lease-time 21600;
        max-lease-time 43200;
                                                9,0-1           顶端
```

图 6－4　DHCP 范本文件内容

2. 常用参数介绍

参数主要用于设置服务器和客户端的动作或者是否执行某些任务，如设置 IP 地址租约时间、是否检查客户端所用的 IP 地址等。

常见参数使用说明如下：

（1）“ddnsupdatestyle（none | interim | adhoc）”的作用：定义所支持的 DNS 动态更新类型。none：表示不支持动态更新；interim：表示 DNS 互动更新模式；adhoc：表示特殊 DNS 更新模式。

（2）“ignore clientupdates”的作用：忽略客户端更新。

（3）“defaultleasetime number（数字）”的作用：定义默认 IP 租约时间。例如：

```
defaultleasetime 21600
```

（4）“maxleasetime number（数字）”的作用：定义客户端 IP 租约时间的最大值。例如：

```
maxleasetime 43200
```

3. 常用声明介绍

声明一般用来指定 IP 作用域、定义为客户端分配的 IP 地址池等。声明格式如下：

声明{选项或参数;}

常见声明的使用：

（1）“subnet　网络号　netmask　子网掩码 {……}”的作用：定义作用域，指定子网。例如：

```
subnet  192.168.0.0  netmask  255.255.255.0{……}
```

（2）“rangedynamicbootp 起始 IP 地址、结束 IP 地址”的作用：指定动态 IP 地址范围。例如：

```
rangedynamicbootp 192.168.0.100  192.168.0.200
```

4. 常用选项介绍

选项通常用来配置 DHCP 客户端的可选参数，如定义客户端的 DNS 地址、默认网关等。选项内容都是以 option 关键字开始的。常见选项使用：

(1)“option routers IP 地址”的作用：为客户端指定默认网关。例如：

```
option routers 192.168.0.1
```

(2)“option subnetmask 子网掩码”的作用：设置客户端的子网掩码。例如：

```
option subnetmask 192.168.0.1
```

(3)“option domainnameservers IP 地址”的作用：为客户端指定 DNS 服务器地址。例如：

```
option domainnameservers 192.168.0.3
```

5. 租约数据库文件

租约数据库文件用于保存一系列的租约声明，其中包含客户端的主机名、MAC 地址、分配到的 IP 地址以及 IP 地址的有效期等相关信息。这个数据库文件是可编辑的 ASCII 格式文本文件。每当发生租约变化的时候，都会在文件结尾添加新的租约记录。

DHCP 刚安装好后，租约数据库文件 dhcpd. leases 是个空文件。当 DHCP 服务正常运行后就可以使用 cat 命令查看租约数据库文件内容。例如：

```
cat /var/lib/dhcpd/dhcpd.leases
```

6. DHCP 的启动与停止

(1) DHCP 服务启动：

```
[root@server~]#services dhcpd start
```

或者`[root@server~]#/etc/rc.d/init.d/dhcpd start`

(2) DHCP 服务停止：

```
[root@server~]#services dhcpd stop
```

或者`[root@server~]#/etc/rc.d/init.d/dhcpd stop`

(3) DHCP 服务重启：

```
[root@server~]#services dhcpd restart
```

或者`[root@server~]#/etc/rc.d/init.d/dhcpd restart`

(4) 自动加载 DHCP 服务：

①chkconfig。运行级别 3 自动加载 dhcpd 服务：[root@ server ~]#chkconfig level 3 dhcpdon。运行级别 3 关闭自动加载 dhcpd 服务：[root@ server ~]#chkconfig level 3 dhcpdoff。

②ntsysvo [root@ server ~]#ntsysv 选中 dhcpd 选项，然后单击“确定”按钮完成设置，即可自动加载 dhcpd 服务。

7. IP 地址绑定

在 DHCP 中的 IP 地址绑定用于给客户端分配固定 IP 地址。例如，服务器需要使用固定 IP 地址就可以使用 IP 地址绑定，通过 MAC 地址与 IP 地址的对应关系，为指定的物理地址计算机分配固定 IP 地址。

整个配置过程需要用到 host 声明和 hardware、fixedaddress 参数。

（1）“host　主机名｛……｝”的作用：用于定义保留地址。例如：

```
host computer1
```

（2）“hardware　类型硬件地址”的作用：定义网络接口类型和硬件地址。常用类型为以太网（ethernet），地址为 MAC 地址。例如：

```
hardware Ethernet 3a:b5:cd:32:65:12
```

（3）“fixedaddress　IP 地址”的作用：定义 DHCP 客户端指定的 IP 地址。例如：

```
fixedaddress 192.168.0.254
```

任务 3　完成 DHCP 简单配置

【任务描述】

技术部有 60 台计算机，IP 地址段为 192.168.0.1 ~ 192.168.0.254，子网掩码是 255.255.255.0，网关为 192.168.0.1，192.168.0.2 ~ 192.168.0.30 网段地址是服务器的固定地址，客户端可以使用的地址段为 192.168.0.100 ~ 192.168.0.200，剩下的 IP 地址为保留地址。

【任务分析】

定制全局配置和局部配置，局部配置需要把 192.168.0.0/24 网段声明出来，然后在该声明中指定一个 IP 地址池，范围为 192.168.0.100 ~ 192.168.0.200，分配给客户端使用，最后重新启动 dhcpd 服务使配置生效。

【任务实施】

（1）配置结果如图 6－5 所示。

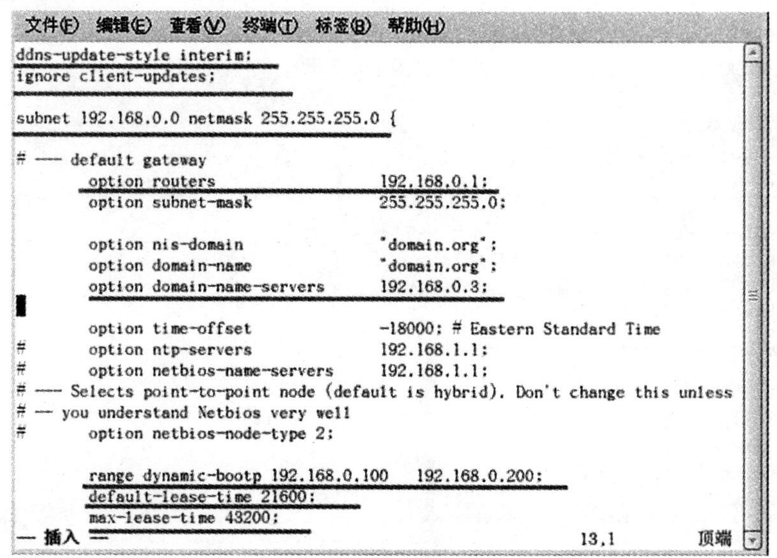

```
文件(F) 编辑(E) 查看(V) 终端(T) 标签(B) 帮助(H)
ddns-update-style interim;
ignore client-updates;

subnet 192.168.0.0 netmask 255.255.255.0 {

# --- default gateway
        option routers                  192.168.0.1;
        option subnet-mask              255.255.255.0;

        option nis-domain               "domain.org";
        option domain-name              "domain.org";
        option domain-name-servers      192.168.0.3;

        option time-offset              -18000; # Eastern Standard Time
#       option ntp-servers              192.168.1.1;
#       option netbios-name-servers     192.168.1.1;
# --- Selects point-to-point node (default is hybrid). Don't change this unless
# -- you understand Netbios very well
#       option netbios-node-type 2;

        range dynamic-bootp 192.168.0.100 192.168.0.200;
        default-lease-time 21600;
        max-lease-time 43200;
-- 插入 --                                          13,1          顶端
```

图 6－5　简单配置应用

（2）配置完后保存，退出并重启 dhcpd 服务。

```
[root@ server ~]#service  dhcpd  restart
```

（3）配置完成进行测试。

在 VMware 主窗口中，选择“Edit”→“Virtual Network Editor”菜单命令，打开“虚拟网络编辑器”对话框，选中 VMnet1 或 VMnet8，去掉对应的 DHCP 服务启用选项，如图 6-6 所示。

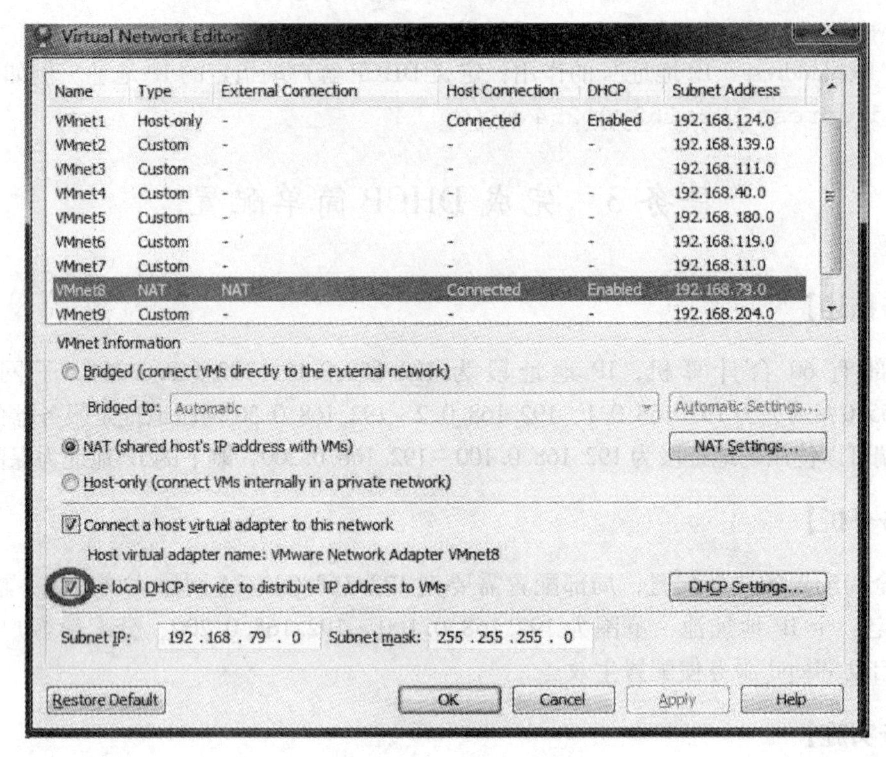

图 6-6　虚拟网络编辑器

（4）查看租约数据库文件，如图 6-7 所示。

```
[root@ server ~]#cat  /var/lib/dhcpd/dhcpd.leases
```

```
lease 192.168.0.100 {
  starts 4 2011/02/03 21:44:28;
  ends 5 2011/02/04 03:44:28;
  binding state active;
  next binding state free;
  hardware ethernet 00:0c:29:0c:36:81;
  uid "\001\000\014)\0146\201";
  client-hostname "win2003-4";
}
lease 192.168.0.100 {
  starts 4 2011/02/03 21:44:30;
  ends 5 2011/02/04 03:44:30;
  binding state active;
  next binding state free;
  hardware ethernet 00:0c:29:0c:36:81;
dhcpd.leases  44L, 1432C                                  1,1          顶端
```

图 6-7　Windows 客户从 Linux DHCP 服务器上获取了 IP 地址

任务4 完成DHCP服务器配置保留地址的应用

【任务描述】

某公司有200台计算机，采用192.168.0.0/24网段给技术部使用，路由器IP地址为192.168.0.1，DNS服务器IP地址为192.168.0.2，DHCP服务器为192.168.0.3，客户端地址范围为192.168.0.100～192.168.0.200，子网掩码为255.255.255.0，技术总监CIO使用的固定IP地址为192.168.0.88，部门经理使用的固定IP地址为192.168.0.66。

【任务分析】

要保证使用固定IP地址，就要在subnet声明中嵌套host声明，目的是要单独为总监和经理的主机设置固定IP地址，并在host声明中加入IP地址和MAC地址绑定的选项，以申请固定IP地址。

【任务实施】

（1）编辑主配置文件/etc/dhcpd.conf，如图6-8所示。

```
文件(F) 编辑(E) 查看(V) 终端(T) 标签(B) 帮助(H)
        option time-offset              -18000; # Eastern Standard Time
#       option ntp-servers              192.168.1.1;
#       option netbios-name-servers     192.168.1.1;
# --- Selects point-to-point node (default is hybrid). Don't change this unless
# -- you understand Netbios very well
#       option netbios-node-type 2;

        range dynamic-bootp 192.168.0.100   192.168.0.200;
        default-lease-time 21600;
        max-lease-time 43200;

        # we want the nameserver to appear at a fixed address
        host CTO {
                next-server ph.long.com;
                hardware ethernet 12:34:56:78:AB:CD;
                fixed-address 192.168.0.88;
        }
        host manager {
                next-server yy.smile.com;
                hardware ethernet 34:56:76:CB:A2:32
                fixed-address 192.168.0.66;
        }
```

图6-8 主配置文件配置结果

（2）重启dhcpd服务：

```
[root@server ~]#services dhcpd restart
```

（3）测试验证。将要测试的计算机的IP地址获取方式改为自动获取，然后用ipconfig/renew进行测试（以Windows客户端为例）。

任务5　在 Linux 下配置 DHCP 客户端

【任务描述】

安装完服务器端的 DHCP 服务后，要对 DHCP 客户端进行配置。

【任务分析】

在 Linux 中配置 DHCP 客户端需要修改/etc/sysconfig/networkscripts 目录下的设备配置文件。

【任务实施】

在/etc/sysconfig/networkscripts 目录中，每个设备都有一个叫作 ifcfg. eth？的配置文件，这里的 eth？是网络设备的名称，如 eth0、ethl、eth0：1 等。具体配置如下：

```
//直接编辑文件/etc/sysconfig/networkscripts/ifcfgeth0
[root@RHEL6 ~]#vi  /etc/sysconfig/networkscripts/ifcfgeth0
BOOTPROTO=static  //将其改为 BOOTPROTO=dhcp 即可
BROADCAST=192.168.1.255
HWADDR=00:0C:29:FA:AD:85
IPADDR=192.168.1.4
NETMASK=255.255.255.0
NETWORK=192.168.1.0
ONBOOT=yes
TYPE=Ethernet
//重新启动网卡
[root@ RHEL5 ~]#ifdown eth0;ifup eth0 //或 service network restart
//测试 DHCP 客户端配置
[root@ RHEL5 ~]#ifconfig eth0
```

实训　在 Linux 下配置 DHCP 与在 Windows 下配置 DHCP 的不同

1. 实训目的

（1）掌握 Linux 下 DHCP 服务器的安装和配置方法。

（2）掌握 Windows 下 DHCP 服务器的安装和配置方法。

2. 实训内容

练习 DHCP 服务器的安装与配置。

3. 实训练习

（1）DHCP 服务器的配置 1：配置 DHCP 服务器，为子网 A 内的客户机提供 DHCP 服务。具体参数如下：

- IP 地址段：192. 168. 11. 101 ~ 192. 168. 11. 200。
- 子网掩码：255. 255. 255. 0。
- 网关地址：192. 168. 11. 254。
- 域名服务器：192. 168. 0. 1。
- 子网所属域的名称：jnrp. edu. cn。
- 默认租约有效期：1 天。
- 最大租约有效期：3 天。

（2）DHCP 服务器的配置 2：架设一台 DHCP 服务器，并按照下面的要求进行配置。

- 为 192. 168. 203. 0/24 建立一个 IP 作用域，并将 192. 168. 203. 60 ~ 192. 168. 203. 200 范围内的 IP 地址动态分配给客户机。
- 假设子网的 DNS 服务器的 IP 地址为 192. 168. 0. 9，网关为 192. 168. 203. 254，所在的域为 jnrp. edu. cn，将这些参数指定给客户机使用。

（3）试比较与在 Windows 下配置 DHCP 服务器有何不同。

4. 实训分析

要完成这个实训可以：①配置 DHCP 服务器，为子网 A 内的客户机提供 DHCP 服务；②架设一台 DHCP 服务器，并按照要求进行配置；③在 Windows 下配置 DHCP 服务器。

5. 实训报告

按要求完成实训报告。

项目 7

架设 DNS 服务器

【学习目标】

知识目标：

- 了解 DNS 服务器的作用及其在网络中的重要性。
- 理解 DNS 的域名空间结构及其工作过程。
- 掌握安装和配置 DNS 服务器的方法。
- 掌握 DNS 服务的测试。

能力目标：

- 会安装 bind 软件包。
- 会启动、停止和重启 named 服务。
- 会设置 DNS 客户端。
- 会在 DNS 客户端测试 DNS 服务器。

【项目描述】

为了使公司的计算机简单、快捷地访问本地网络及 Internet 上资源，需要在公司网中架设 DNS 服务器，用来提供域名转换成 IP 地址的功能。在完成该项目之前，首先应当确定网络中 DNS 服务器的部署环境，明确 DNS 服务器的各种角色及其作用。

【任务分解】

学习本项目需要完成两个任务：任务 1，DNS 服务器的安装与配置；任务 2，DNS 服务器的运行和测试。

【问题引导】

- 什么是域名和 DNS？
- DNS 服务器是如何解析域名的？
- 如何安装和配置 DNS 服务器？
- 如何设置 DNS 的客户端？
- 如何测试 DNS 服务器？

【知识学习】

DNS（Domain Name Service，域名服务）是 Internet/Intranet 中最基础也是非常重要的一项服务，它提供了网络访问中域名和 IP 地址的相互转换。

在 TCP/IP 网络中，每台主机必须有一个唯一的 IP 地址，当某台主机要访问另一台主机上的资源时，必须指定另一台主机的 IP 地址，通过 IP 地址找到这台主机后才能访问这台主机。但是，当网络的规模较大时，使用 IP 地址就不太方便了，所以，便出现了主机名（Host Name）与 IP 地址之间的一种对应解决方案，可以通过使用形象易记的主机名而非 IP 地址进行网络的访问，这比单纯使用 IP 地址要方便得多。其实，在这种解决方案中使用了解析的概念和原理，单独通过主机名是无法建立网络连接的，只有通过解析的过程，在主机名和 IP 地址之间建立了映射关系后，才可以通过主机名间接地通过 IP 地址建立网络连接。主机名与 IP 地址之间的映射关系，在小型网络中多使用 hosts 文件来完成，后来随着网络规模的增大，为了满足不同组织的要求，以实现一个可伸缩、可自定义的命名方案的需要，InterNIC 制定了一套称为域名系统（DNS）的分层名字解析方案，当 DNS 用户提出 IP 地址查询请求时，可以由 DNS 服务器中的数据库提供所需的数据，完成域名和 IP 地址的相互转换。DNS 技术目前已广泛应用于 Internet 中。

组成 DNS 系统的核心是 DNS 服务器，它是回答域名服务查询的计算机，它为连接 Intranet 和 Internet 的用户提供并管理 DNS 服务，维护 DNS 名字数据并处理 DNS 客户端主机名的查询。DNS 服务器保存了包含主机名和相应 IP 地址的数据库。

1. DNS 服务器的分类

（1）主 DNS 服务器（Master 或 Primary）。主 DNS 服务器负责维护所管辖域的域名服务信息。它从域管理员构造的本地磁盘文件中加载域信息，该文件（区文件）包含着该服务器具有管理权的一部分域结构的最精确信息。配置主 DNS 服务器需要一整套的配置文件，包括主配置文件（/etc/named. conf）、正向域的区文件、反向域的区文件、高速缓存初始化文件（/var/named/named. ca）和回送文件（/var/named/named. local）。

（2）辅助 DNS 服务器（Slave 或 Secondary）。辅助 DNS 服务器用于分担主 DNS 服务器的查询负载。区文件是从主服务器中转移而来的，并作为本地磁盘文件存储在辅助服务器中。这种转移称为“区文件转移”。在辅助 DNS 服务器中有一个所有域信息的完整复制，可以权威地回答对该域的查询请求。配置辅助 DNS 服务器不需要生成本地区文件，因为可以从主服务器下载该区文件。因而只需配置主配置文件、高速缓存文件和回送文件就可以了。

（3）唯高速缓存 DNS 服务器（Caching - only DNS Server）。供本地网络上的客户机用来进行域名转换。它通过查询其他 DNS 服务器，并将获得的信息存放在它的高速缓存中，为客户机查询信息提供服务。唯高速缓存 DNS 服务器不是权威性的服务器，因为它提供的所有信息都是间接信息。

2. DNS 查询模式

按照 DNS 搜索区域的类型，DNS 的区域分为正向搜索区域和反向搜索区域。正向搜索是 DNS 服务器的主要功能，它根据计算机的 DNS 名称（域名），解析出相应的 IP 地址；而反向搜索是根据计算机的 IP 地址解析出它的 DNS 名称（域名）。

1）正向查询

正向查询就是根据域名，搜索出对应的 IP 地址。其查询方法为：当 DNS 客户机（也可以是 DNS 服务器）向首选 DNS 服务器发出查询请求后，如果首选 DNS 服务器数据库中没有与查询请求所对应的数据，则会将查询请求转发给另一台 DNS 服务器，依此类推，直到找到与查询请求对应的数据为止，如果最后一台 DNS 服务器中也没有所需的数据，则通知 DNS 客户机查询失败。

2）反向查询

反向查询与正向查询正好相反，它是利用 IP 地址查询出对应的域名。

3. DNS 域名空间结构

在域名系统中，每台计算机的域名由一系列用点分开的字母及数字段组成。例如，某台计算机的 FQDN（Full Qualified Domain Name）为 computer. jnrp. cn，其具有的域名为 jnrp. cn；另一台计算机的 FQDN 为 www. computer. jnrp. cn，其具有的域名为 computer. jnrp. cn。域名是有层次的，域名中最重要的部分位于右边。FQDN 中最左边的部分是单台计算机的主机名或主机别名。DNS 域名空间的分层结构如图 7－1 所示。

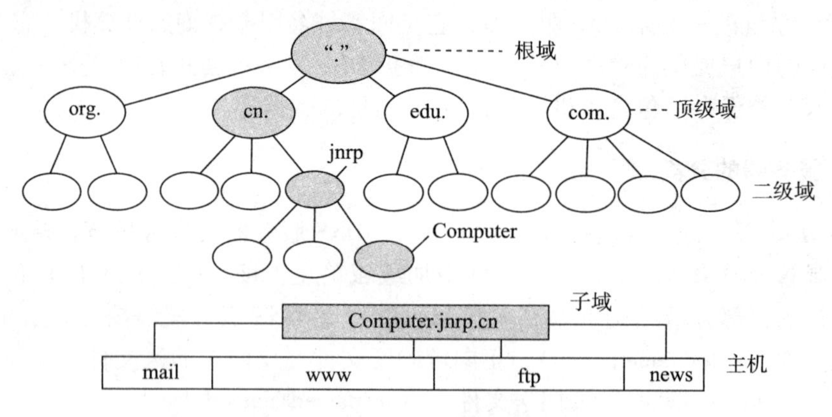

图 7－1　DNS 域名空间结构

整个 DNS 域名空间结构如同一棵倒挂的树，层次结构非常清晰。根域位于顶部，紧接在根域下面的是顶级域，每个顶级域又可以进一步划分为不同的二级域，二级域再划分出子域，子域下面可以是主机也可以再划分子域，直到最后的主机。在 Internet 中的域是由 InterNIC 负责管理的，域名的服务则由 DNS 来实现。

4. DNS 域名解析过程

DNS 解析过程如图 7－2 所示。

（1）客户机提出域名解析请求，并将该请求发送给本地的域名服务器。

（2）当本地的域名服务器收到请求后，就先查询本地的缓存，如果有该记录项，则本地的域名服务器就直接把查询的结果返回。

（3）如果本地的缓存中没有该记录，则本地域名服务器就直接把请求发给根域名服务器，然后根域名服务器再返回给本地域名服务器一个所查询域（根的子域）的主域名服务器的地址。

（4）本地服务器再向上一步返回的域名服务器发送请求，然后接受请求的服务器查询自己的缓存，如果没有该记录，则返回相关的下级域名服务器的地址。

（5）重复步骤（4），直到找到正确的记录。

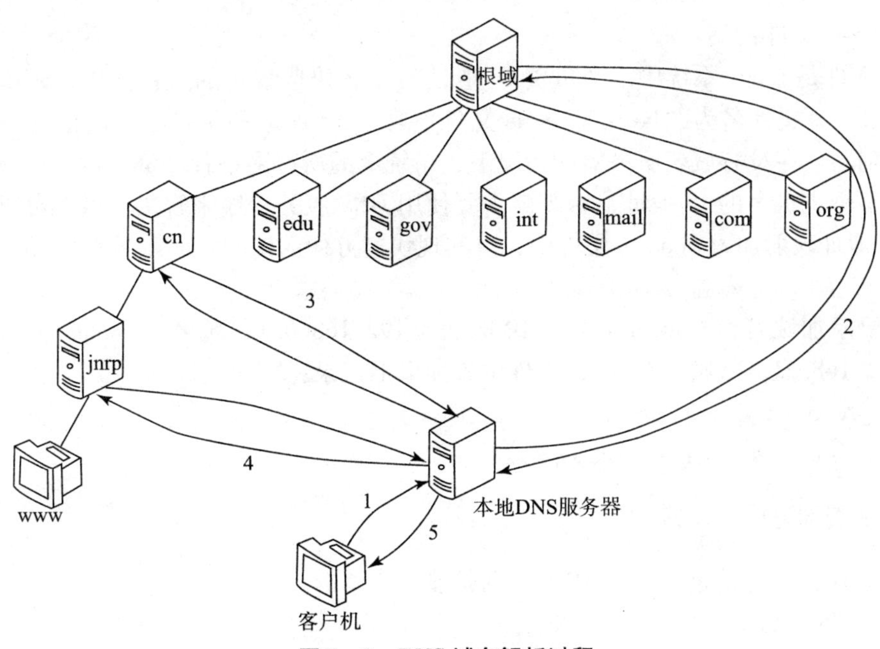

图 7－2　DNS 域名解析过程

（6）本地域名服务器把返回的结果保存到缓存以备下一次使用，同时还将结果返回给客户机。

5. DNS 常见资源记录

从 DNS 服务器返回的查询结果可以分为两类：权威的（authoritative）和非权威的（non－authoritative）。权威的查询结果，是指该查询结果是从被授权管理该区域的域名服务器的数据库中查询而来的。非权威的查询结果，是指该查询结果来源于非授权的域名服务器，是该域名服务器通过查询其他域名服务器而不是本地数据库得来的。在能够返回权威查询结果的域名服务器中存在一个本地数据库，该数据库中存储与域名解析相关的条目，这些条目称为 DNS 资源记录。

资源记录的内容通常包括 5 项，基本格式如下：

```
Domain TTL Class Record Type Record Data
```

各项的含义如表 7－1 所示。

表 7－1　资源记录条目中各项的含义

项目	含义
域名（Domain）	拥有该资源记录的 DNS 域名
存活期（TTL）	该记录的有效时间长度
类别（Class）	说明网络类型，目前大部分资源记录采用“IN”，表示 Internet
记录类型（Record Type）	说明该资源记录的类型，常见资源记录类型
记录数据（Record Data）	说明和该资源记录有关的信息，通常是解析结果，该数据格式和记录类型有关

/etc/hosts 文件：

hosts 文件是 Linux 系统中一个负责 IP 地址与域名快速解析的文件，以 ASCII 格式保存在/etc 目录下，文件名为“hosts”。hosts 文件包含了 IP 地址和主机名之间的映射，还包括主机名的别名。在没有域名服务器的情况下，系统上的所有网络程序都通过查询该文件来解析对应于某个主机名的 IP 地址；否则就需要使用 DNS 服务程序来解决。通常可以将常用的域名和 IP 地址映射加入到 hosts 文件中，以实现快速方便的访问。hosts 文件的格式如下：

```
IP 地址主机名/域名：
```

假设要添加域名为 www.jnrp.cn，IP 地址为 192.168.0.1；域名为 computer.jnrp.cn，IP 地址为 192.168.21.1。则可在 hosts 文件中添加以下记录：

```
www.jnrp.cn  192.168.0.1
computer.jnrp.cn  192.168.21.1
```

6. DNS 规划与域名申请

在建立 DNS 服务之前，进行 DNS 规划是非常必要的。

1）DNS 的域名空间规划

决定如何使用 DNS 命名，以及通过使用 DNS 要达到什么目的。要在 Internet 上使用自己的 DNS，公司必须先向一个授权的 DNS 域名注册颁发机构申请并注册一个二级域名，注册并获得至少一个可在 Internet 上有效使用的 IP 地址。这项业务通常可由 ISP 代理。

2）DNS 服务器的规划

确定网络中需要的 DNS 服务器的数量及其各自的作用，根据通信负载、复制和容错问题，确定在网络上放置 DNS 服务器的位置。对于大多数安装配置来说，为了实现容错，至少应该对每个 DNS 区域使用两台服务器。DNS 被设计成每个区域有两台服务器，一个是主服务器，另一个是备份或辅助服务器。在单个子网环境中的小型局域网上仅使用一台服务器时，可以配置该服务器扮演区域的主服务器和辅助服务器两种角色。

3）申请域名

为了将企业网络与 Internet 很好地整合在一起，实现局域网与 Internet 的相互通信，建议向域名服务商（如万网 http://www.net.cn 和新网 http://www.xinnet.com）申请合法的域名，然后设置相应的域名解析。

提示：若要实现其他网络服务（如 Web 服务、E－mail 服务等），DNS 服务是必不可少的。没有 DNS 服务，就无法将域名解析为 IP 地址，客户端也就无法享受相应的网络服务。若要实现服务器的 Internet 发布，就必须申请合法的 DNS 域名。

任务 1　DNS 服务器的安装与配置

【任务描述】

为了保证公司内部员工的计算机能够安全、可靠地通过域名访问本地网络及 Internet 资源，需要安装 DNS 服务器，并通过 DNS 服务器的转发也能使用域名访问互联网中的服务器，DNS 转发器设置为 61.128.192.68。公司内的服务器设置如表 7－2 所示。

表7-2 公司服务器设置表

服务器	完全合格域名	IP地址
主DNS服务器	dns1. dyzx. edu	10. 10. 0. 11
辅助DNS服务器	dns2. dyzx. edu	10. 10. 0. 13
缓存DNS服务器	dns3. dyzx. edu	10. 10. 0. 15
Web服务器	www. dyzx. edu	10. 10. 0. 12
FTP服务器	ftp. dyzx. edu	10. 10. 0. 12
邮件服务器	mail. dyzx. edu	10. 10. 0. 12
Samba服务器	smb. dyzx. edu	10. 10. 0. 14

【任务分析】

Linux下架设DNS服务器通常使用BIND（Berkeley Internet Name Domain Service）程序来实现，其守护进程是named。

【任务实施】

1. 安装DNS服务器

(1) 查看是否已经安装了DNS服务器。

RHEL 6.4自带有版本号为9.8.2的BIND。

bind-9.8.2-0.17.rc1.el6.i686.rpm——DNS的主程序包。

bind-chroot-9.8.2-0.17.rc1.el6.i686.rpm——为bind提供一个伪装的根目录以增强安全性工具。

bind-utils-9.8.2-0.17.rc1.el6.i686.rpm——提供了对DNS服务器的测试工具程序，包括dig、host与nslookup等（系统默认安装）。

bind-libs-9.8.2-0.17.rc1.el6.i686.rpm——进行域名解析必备的库文件（系统默认安装）。

注意：bind-chroot软件包最好最后一个安装；否则会报错。

检查是否已安装BIND软件包：

```
#rpm  -qa  bind*
bind-libs-9.8.2-0.17.rc1.el6.i686
```

(2) 安装前查询了解软件包的安装位置。

查询方法是使用带“-qpl”参数的rpm命令来查询。

(3) 安装BIND软件包。

RPM软件包安装——以RHEL 6.4下自带的BIND为例：

```
#mount  /dev/cdrom  /mnt
#rpm  -ivh  /mnt/Packages/bind-9.8.2-0.17.rc1.el6.i686.rpm
#rpm  -ivh  /mnt/Packages/bind-chroot-9.8.2-0.17.rc1.el6.i686.rpm
```

（4）DNS 服务的运行管理。

BIND 软件包安装完毕以后，提供的主程序默认位于/usr/sbin/named，系统中会自动增加一个名为 named 的系统服务，通过脚本文件/etc/init. d/named 或 service 命令都可以控制域名服务的运行。下面是常用的关于 DNS 服务的命令：

service named start |stop |restart |status   //启动/停止/重启/查询 DNS 服务

2. 配置 DNS 服务器

（1）配置 DNS 服务器网卡的 IP 地址为 10. 10. 0. 2，主机名为 dns1. dyzx. edu。

（2）编辑全局配置文件：

#vim /etc/named.conf

修改其中 3 个地方，如图 7 – 3 所示。

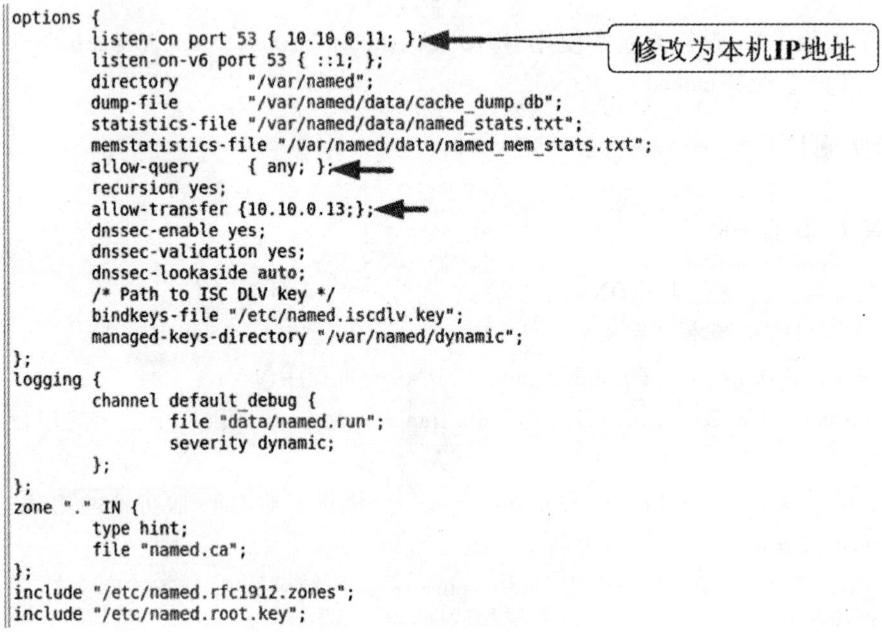

```
options {
        listen-on port 53 { 10.10.0.11; };
        listen-on-v6 port 53 { ::1; };
        directory       "/var/named";
        dump-file       "/var/named/data/cache_dump.db";
        statistics-file "/var/named/data/named_stats.txt";
        memstatistics-file "/var/named/data/named_mem_stats.txt";
        allow-query     { any; };
        recursion yes;
        allow-transfer {10.10.0.13;};
        dnssec-enable yes;
        dnssec-validation yes;
        dnssec-lookaside auto;
        /* Path to ISC DLV key */
        bindkeys-file "/etc/named.iscdlv.key";
        managed-keys-directory "/var/named/dynamic";
};
logging {
        channel default_debug {
                file "data/named.run";
                severity dynamic;
        };
};
zone "." IN {
        type hint;
        file "named.ca";
};
include "/etc/named.rfc1912.zones";
include "/etc/named.root.key";
```

修改为本机IP地址

图 7 – 3　修改配置文件

options 配置段常用配置项——用来说明全局属性。

①listen – on port 53 {10. 10. 0. 2;}; ——设置 named 守护进程绑定的 IP 和监听的端口。若未指定，默认监听 DNS 服务器的所有 IP 地址的 53 号端口。

listen – on – v6 port 53 {:: 1;}; ——设定监听进入服务器的 IPv6 请求的端口。

②directory “/var/named”; ——指定主配置文件的相对路径，其绝对路径为/var/named/chroot/var/named。

③dump – file “/var/named/data/cache_dump. db”; ——指定域名缓存文件的保存位置和文件名。

④statistics – file “/var/named/data/named_stats. txt”; ——当使用 rndc stats 命令的时候，服务器会将统计信息追加到路径所指定的文件中。如果没有指定，默认为 named. stats

在服务器程序的当前目录中

⑤memstatistics - file “/var/named/data/named_mem_stats. txt”；——服务器输出的内存使用统计文件的路径名，如果没有指定，默认值为 named. memstats。注意：还没有在 BIND9 中实现！

（3）配置区域文件/etc/named. rfc1912. zones：

```
vim  /etc/named.rfc1912.zones
```

在文件 named. rfc1912. zones 尾部增加以下部分：

```
zone"dyzx.edu"IN{              //指明要增加的 DNS 域的名称
type master;                   //指明增加的为 DNS 的主要区域
file"dyzx.edu.zone";           //设置该主要区域的区域配置文件名,该文件用于实
现正向域名解析
allow-update{none;};           //设置该 DNS 不允许动态更新
};
zone"0.10.10.in-addr.arpa"IN{   //指明该区域为反向查找区域
type master;  //指明该反向查找区域为主要区域
file"dyzx.edu.zero";           //设置该反向查找区域的区域配置文件名
allow-update{none;};           //设置该 DNS 不允许动态更新
};
```

（4）编辑正向解析数据库文件 dyzx. edu. zone。

（5）编辑反向解析数据库文件 dyzx. edu. zero。

（6）防火墙配置。若不配置别人就不会访问你的 DNS 服务器，如图 7-4 所示。

```
#setup
```

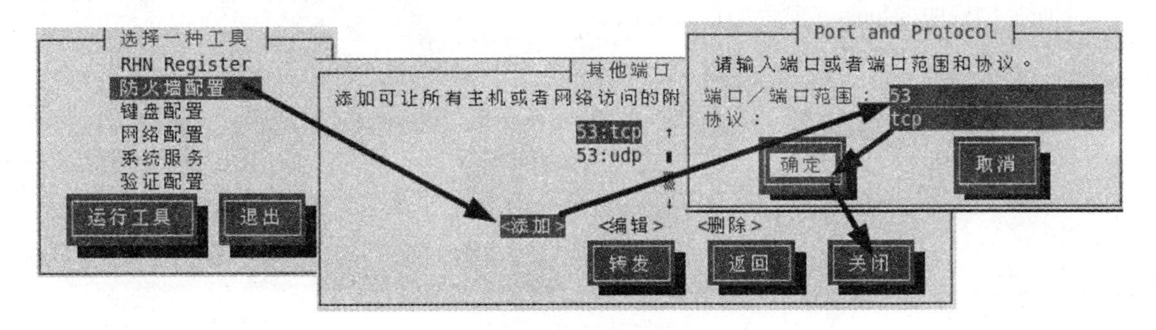

图 7-4　防火墙配置

（7）启动 named 守护进程，开始域名解析服务：

```
#service named start
```

（8）Linux 客户端测试。

修改/etc/resolv. conf——只有修改了这个文件，才可以用自己的机器进行域名解析：

```
#vi  /etc/resolv.conf
```

只要加上一句：

```
nameserver  10.10.0.11
```

在客户端修改/etc/resolv. conf 文件，将 DNS 服务器指向域名服务器的 IP 地址，使用 nslookup 命令验证 DNS 查询结果。

（9）Windows 客户端测试。

DNS 是一个复杂的系统，为了确保用户的 DNS 配置文件的正确，任务 2 的几个命令可以方便地确定各类语法错误和配置错误。

任务 2　DNS 服务器的运行和测试

【任务描述】

为检验 DNS 服务器是否工作正常，要求从安装 RHEL 和 Windows 操作系统的客户机上对 DNS 服务器分别进行正反向解析测试。

【任务分析】

BIND 软件包提供了 3 个 DNS 测试工具：nslookup、dig 和 host。其中 dig 和 host 是命令行工具，而 nslookup 既可以使用命令行模式也可以使用交互模式。

【任务实施】

1. nslookup 命令

下面举例说明 nslookup 命令的使用方法。

```
//运行 nslookup 命令
[root@ RHEL6 ~]#nslookup
//正向查询,查询域名 www.jnrp.cn 所对应的 IP 地址
>www.jnrp.cn
Server:192.168.1.2
Address:192.168.1.2#53
Name:www.jnrp.cn
Address:192.168.0.5
//反向查询,查询 IP 地址 192.168.1.2 所对应的域名
>192.168.1.2
Server:192.168.1.2
Address:192.168.1.2#53
2.1.168.192.in-addr.arpa name=dns.jnrp.cn.
//显示当前设置的所有值
>set all
Default server:192.168.1.2
```

```
Address:192.168.1.2#53
Default server:192.168.0.1
Address:192.168.0.1#53
Default server:192.168.0.5
Address:192.168.0.5#53
Set options:
novc nodebug nod2
search recurse
timeout =0 retry =2 port =53
querytype = A class = IN
srchlist =
//查询 jnrp.cn 域的 NS 资源记录配置
 >set type =NS   //此行中 type 的取值还可以为 SOA、MX、CNAME、A、PTR 及 any 等
 >jnrp.cn
Server:192.168.1.2
Address:192.168.1.2#53
jnrp.cn nameserver = dns.jnrp.cn.
```

2. dig 命令

dig（domain information groper）是一个灵活的命令行方式的域名查询工具，常用于从域名服务器获取特定的信息。例如，通过 dig 命令查看域名 www.jnrp.cn 的信息：

```
[root@ RHEL6 ~]#dig  www.jnrp.cn
;< < > >DiG 9.2.4 < < > >www.jnrp.cn
;;global options:printcmd
;;Got answer:
;; - > >HEADER < < -opcode:QUERY,status:NOERROR,id:59656
;;flags:qr aa rd ra;QUERY:1,ANSWER:1,AUTHORITY:1,ADDITIONAL:1
;;QUESTION SECTION:
;www.jnrp.cn. IN A
;;ANSWER SECTION:
www.jnrp.cn.86400 IN A 192.168.0.5
;;AUTHORITY SECTION:
jnrp.cn.86400 IN NS dns.jnrp.cn.
;;ADDITIONAL SECTION:
dns.jnrp.cn.86400 IN A 192.168.1.2
;;Query time:38 msec
;;SERVER:192.168.1.2#53(192.168.1.2)
;;WHEN:Sat Sep 29 20:22:48 2007
```

```
;;MSG SIZE rcvd:79
[root@ RHEL6 ~]#
```

3. host 命令

host 命令用来做简单的主机名的信息查询，默认情况下，host 只在主机名和 IP 地址之间进行转换。下面是一些常见的 host 命令的使用方法：

```
//正向查询主机地址
[root@ RHEL6 ~]#host dns.jnrp.cn
//反向查询 IP 地址对应的域名
[root@ RHEL6 ~]#host 192.168.22.98
//查询不同类型的资源记录配置，-t 参数后可以为 SOA、MX、CNAME、A、PTR
[root@ RHEL6 ~]#host -t NS jnrp.cn
//列出整个 jnrp.cn 域的信息
[root@ RHEL6 ~]#host -l jnrp.cn 192.168.1.2
//列出与指定的主机资源记录相关的详细信息
[root@ RHEL6 ~]#host -a computer.jnrp.cn
```

4. 检查 DNS 服务器配置中的常见错误

（1）配置文件名写错。在这种情况下，运行 nslookup 命令不会出现命令提示符“>”。

（2）主机域名后面没有小点“.”。这是最常犯的错误。

（3）/etc/resolv.conf 文件中的域名服务器的 IP 地址不正确。在这种情况下，nslookup 命令不出现命令提示符。

（4）回送地址的数据库文件有问题。同样，nslookup 命令不出现命令提示符。

（5）在/etc/named.conf 文件中的 zone 区域声明中定义的文件名与/var/named/chroot/var/named 目录下的区域数据库文件名不一致。

实训　配置与管理 DNS 服务器

1. 实训目的

掌握 Linux 下主 DNS、缓存 DNS 服务器和辅助 DNS 服务器的配置与调试方法。

2. 实训内容

练习配置 DNS 服务器并测试。

3. 实训练习

启动 3 台 Linux 服务器，IP 地址分别为 192.168.203.1、192.168.203.2 和 192.168.203.3。并且要求此 3 台服务器已安装了 DNS 服务所对应的软件包。

4. 实训分析

要完成这个实训可以把 3 台 Linux 服务器其中一台 IP 地址为 192.168.203.1 作为主域名服务器来负责区域 mlx.com 的解析工作，同时负责对应的反向查找区域。在 IP 地址为

192. 168. 203. 2 的 Linux 系统上配置缓存域名服务器，在 IP 地址为 192. 168. 203. 3 的 Linux 系统上配置 mlx. com 区域和 203. 168. 192. in - addr. arpa 区域的辅助域名服务器，并进行检测。

5. 实训报告

按要求完成实训报告。

项目 8

架设 Web 服务器

【学习目标】

知识目标：

- 认知 Apache。
- 掌握 Apache 服务的安装与启动方法。
- 掌握配置 Apache 的过程。
- 掌握 Web 站点的配置方法。
- 掌握 Apache 服务器中配置虚拟主机的方法。

能力目标：

- 能够在 RHEL 6.4 中安装、启动、停止 Apache 服务。
- 能够根据需要对 Apache 服务器进行配置。
- 会创建 Web 站点和虚拟主机。

【项目描述】

某公司组建了内网，建立了自己的公司网站。现在需要架设 Web 服务器来为公司网站安家，本章将介绍在 Linux 中安装和设置 Apache 服务器、搭建 WWW 服务器的过程，为公司内部和互联网用户提供 WWW 服务。

【任务分解】

学习本项目需要完成 4 个任务：任务 1，安装、启动与停止 Apache 服务；任务 2，Apache 服务器的配置；任务 3，配置动态 Web 站点；任务 4，虚拟主机的配置。

【问题引导】

- 什么是 Apache？
- Apacheweb 服务器有哪些优点？
- 配置 Apache 服务器需要注意什么？

【知识学习】

Apache HTTP Server（简称 Apache）是 Apache 软件基金会的一个开放源码的网页服务器，可以在大多数计算机操作系统中运行，由于其多平台和安全性被广泛使用，是最流行的 Web 服务器端软件之一。它快速、可靠并且可通过简单的 API 扩展，将 Perl/Python 等解释器编译到服务器中。本来它只用于小型或试验 Internet 网络，后来逐步扩充到各种 UNIX 系

统中，尤其对 Linux 的支持相当完美。Apache 有多种产品，可以支持 SSL 技术，支持多个虚拟主机。到目前为止，Apache 仍然是世界上用得最多的 Web 服务器，市场占有率达 60% 左右。世界上很多著名的网站如 Amazon、Yahoo!、W3 Consortium、Financial Times 等都是 Apache 的产物。

Apache 的特点是简单、速度快、性能稳定，并可做代理服务器来使用。它的成功之处主要在于它的源代码开放、有一支开放的开发队伍、支持跨平台的应用（可以运行在几乎所有的 UNIX、Windows、Linux 系统平台上）以及它的可移植性等方面。

Apache 服务器软件具有以下特性：

- 支持最新的 HTTP/1.1 通信协议和多种方式的 HTTP 认证。
- 拥有简单而强有力的基于文件的配置过程。
- 支持通用网关接口，支持基于 IP 和基于域名的虚拟主机。
- 集成 Perl 处理模块、代理服务器模块。
- 支持实时监视服务器状态和定制服务器日志。
- 支持服务器端包含指令（SSI），支持安全 Socket 层（SSL）。
- 提供用户会话过程的跟踪。
- 支持 FastCGI，通过第三方模块可以支持 JavaServlets。

任务 1　安装、启动与停止 Apache 服务

【任务描述】

Apache 服务器是 Linux 下配置 Web 服务器的常用软件，与 Linux 有很好的兼容性。本任务主要介绍 Apache 软件的获取与安装以及如何启动和停止 Apache 服务。

【任务分析】

在 RHEL 下安装 Apache 服务器一般有两种方法：一是利用系统自带的 RPM 软件包进行安装；二是到 Apache 的官网（http：//httpd. apache. org/download. cgi）下载软件包进行安装。目前最新的版本是 2. 4. 10 版，文件名是 httpd - 2. 4. 10. tar. gz。由于 RHEL 6. 4 默认已经安装了 Apache 服务器，版本是 2. 2. 15 版，可以使用第二种方法安装 Apache 的最新版，本任务中给出了自行下载软件包进行安装的操作过程。对于默认安装 Apache 的 RHEL 6. 4，Apache 配置文件 httpd. conf 位于/etc/httpd/conf 目录，如果下载安装的是 tar. gz 版本，则位于/usr/local/apache/conf 目录。

【任务实施】

1. 安装 Apache 服务

（1）先查询是否安装了 Apache 软件包可以用以下命令。得到图 8 - 1 所示结果，说明

RHEL 6.4 默认已安装了 Apache 软件包，版本是 2.2.15 版。

#rpm －qa |grep httpd

```
[root@localhost ~]# rpm -qa|grep httpd
httpd-2.2.15-5.el6.i686
httpd-tools-2.2.15-5.el6.i686
```

图 8－1　系统已经安装 Apache 服务

（2）利用下载的软件包 httpd－2.4.10.tar.gz 安装 Apache 服务器。由于 RHEL 6.4 默认已经安装了 Apache 服务器，则先要把 2.2.15 版卸掉，下载 httpd－2.4.10.tar.gz 文件到当前目录后，使用以下命令进行安装：

#rpm　－e　httpd－2.2.15－5.el6.i686　//如果 RHEL 6.4 安装了 2.2.15 包，则先拆除

#tar　－zxvf　httpd－2.4.10.tar.gz　//解压 httpd－2.4.10.tar.gz 压缩包,回车后系统会自动解压,需要一段时间,当跳出"#"号后方可继续输入

#cd　httpd－2.4.10　//进入目录

#./configure －－prefix＝/usr/local/apache　//配置安装目录为/usr/local/apache,回车后系统会自动进行编译前的配置,需要一段时间,当跳出"#"号后方可继续输入

#make　//编译,需要等待一段时间

#make　install　//安装

生成可执行文件安装到/usr/local/httpd/sbin；这两步输入确认后都需要一段时间系统进行自动编译，当跳出“#”号后方可继续输入。

2. 启动、停止 Apache 服务

（1）启动服务器，安装好 Apache 服务器后，可以在终端命令窗口运行以下命令来启动、重新启动及关闭服务器。

#service　httpd　start　//启动 Apache 服务

#service　httpd　restart　//重启 Apache 服务

#service　httpd　stop　//停止 Apache 服务

（2）自动加载 Apache 服务。

在终端中输入 ntsysv 命令，在文本图形界面中在 httpd 选项前按空格，加上“＊”，对 Apache 自动加载，然后按 Tab 键选中“确定”按钮按下空格键，如图 8－2 所示。

或者使用 chkconfig 命令自动加载：

#chkconfig －level 3 httpd on//运行级别 3 自动加载

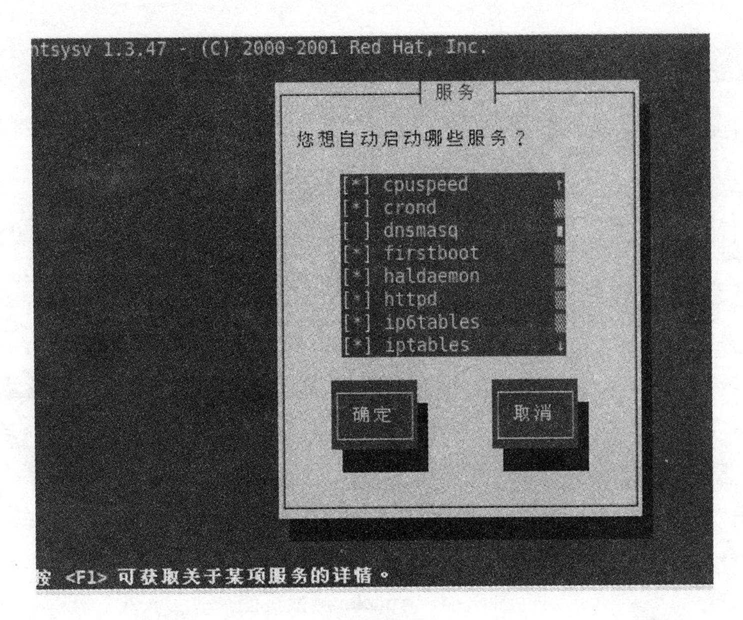

图 8－2　自动加载 Apache 服务

【同步实训】

测试 WWW 服务

启动 httpd 服务之后，可通过网络端口来查看服务是否启动成功。

输入#netstat －an | grep：80 命令，如果 WWW 服务启动成功，可以看到如图 8－3 所示结果。

```
[root@ RHEL6 桌面]#netstat   －an|grep   :80
tcp        0      0 :::80                       :::*                        LIST
EN
```

图 8－3　查看监听端口

WWW 服务默认使用的端口是 80，可以看到 80 端口已经处于监听状态，如果防火墙没有开发 80 端口，可以输入以下命令打开 80 端口：

```
#iptables －I INPUT －P tcp －dport 80 －j ACCEPT
```

如果还是不行，可以使用以下命令清空防火墙的所有规则：

```
#iptables －F   //不建议使用
```

还可以更直观地检查 WWW 服务是否启动，在 Firefox 地址栏中输入“http：//localhost”或者“http：//127.0.0.1”，可以看到 Apache 服务器的测试页面，如图 8－4 所示，服务器安装成功，否则检查是否正确安装和启动服务器。

Red Hat Enterprise Linux **Test Page**

This page is used to test the proper operation of the Apache HTTP server after it has been installed. If you can read this page, it means that the Apache HTTP server installed at this site is working properly.

If you are a member of the general public:

The fact that you are seeing this page indicates that the website you just visited is either experiencing problems, or is undergoing routine maintenance.

If you would like to let the administrators of this website know that you've seen this page instead of the page you expected, you should send them e-mail. In general, mail sent to the name "webmaster" and directed to the website's domain should reach the appropriate person.

For example, if you experienced problems while visiting www.example.com, you should send e-mail to "webmaster@example.com".

For information on Red Hat Enterprise Linux, please visit the Red Hat, Inc. website. The documentation for Red Hat Enterprise Linux is available on the Red Hat, Inc. website.

If you are the website administrator:

You may now add content to the directory /var/www/html/. Note that until you do so, people visiting your website will see this page, and not your content. To prevent this page from ever being used, follow the instructions in the file /etc/httpd/conf.d/welcome.conf.

You are free to use the image below on web sites powered by the Apache HTTP Server:

图 8－4　Apache 测试页面

任务 2　Apache 服务器的配置

【任务描述】

安装好 Apache 服务器并启动服务之后，想要使它能将公司网站的信息展示给客户端就要对它进行配置。Apache 使用配置文件进行配置，Apache 的配置文件 httpd. conf 位于/etc/httpd/conf 目录下，因此只需修改配置文件的内容，就可以完成相应的配置操作。本任务主要介绍了 Apache 配置文件 httpd. conf，并通过一个实例来了解如何配置 Apache 服务。

【任务分析】

通过改变配置文件内容，可以使 Apache 工作于不同的状态。对于默认安装 Apache 的 RHEL 6. 4，Apache 配置文件 httpd. conf 位于/etc/httpd/conf，如果下载安装的是 tar. gz 版本，则配置文件位于/usr/local/apache/conf 目录（或者用户自行设置的安装目录下）。配置文件是包含若干指令的纯文本文件，看起来有些复杂，其实很多是注释内容。首先来对 Apache 的配置文件简单认识一下，并通过实例知道常规设置 Apache 服务的方法。

【任务实施】

1. 认识 Apache 的主配置文件

（1）先来认识 Apache 服务器的主要目录和文件，如表 8－1 所示。

表8-1　Apache的主要目录和文件

目录和文件	作用
/etc/httpd/conf/httpd. conf	主配置文件，主要存放配置文件 httpd. conf，这个是最重要的配置文件，Apache 的所有主要权限和功能都在这个文件中进行了详细的设置
/var/www/html/	Web 服务器预设的首页文件，用于存放目录。默认的主页是保存在其中的。此项默认页面可在 httpd. conf 中进行更改
/var/log/httpd/access_log	访问日志，该文件用于记录客户端访问 Web 服务器的事件，包括客户机的 IP 地址、访问服务器的日期和时间、请求的网页对象等信息
/var/log/httpd/error_log	错误日志，该文件用于记录 httpd 服务器启动或运行过程中出现错误时的事件，包括发生错误的日期和时间、错误事件类型、错误事件的内容描述等信息

（2）Apache 的配置文件是包含若干指令的纯文本文件，看起来很复杂，其实很多是注释内容。在 Apache 早期版本中有 3 个配置文件：httpd. conf（主配置文件）、srm. conf（资源配置文件）、access. conf（访问许可权配置文件）。从 1.3.4 版开始，这些配置信息都放在 httpd. conf 文件中，不需要再对另外两个配置文件进行修改。

为了对旧版本的 Apache 兼容，Apache 服务器在每次启动时都查找并读取 access. conf 和 srm. conf 文件的内容。httpd. conf 文件中的 AccessConfig 和 ResourceConfig 指令用于指定 access. conf 和 srm. conf 文件的位置，默认值为：

```
AccessConfig  conf/access.conf
ResourceConfig  conf/srm.conf
```

出于安全性的考虑，可以设置为：

```
AccessConfig  /dev/null
ResourceConfig  /dev/null
```

指定这两个文件为空设备文件/dev/null，这样可以避免恶意地修改 access. conf 和 srm. conf 文件对系统配置的影响。

注意：①对配置文件 httpd. conf 修改后，必须重启 Apache，修改的选项才会生效。

②httpd. conf 文件中以"#"开头的行为注释行。

③httpd. conf 文件中每一行包含一个指令，在行尾使用反斜杠"\"可以表示续行，但是反斜杠与下一行之间不能有任何其他字符（包括空白字符）。

④httpd. conf 文件中指令是不区分大小写的，但指令的参数要注意大小写。

⑤httpd. conf 文件中除了注释和空行外，服务器把其他行认为是完整的或部分指令，指令又分为类似于 shell 的命令和伪 HTML 标记，如图 8-5 所示。

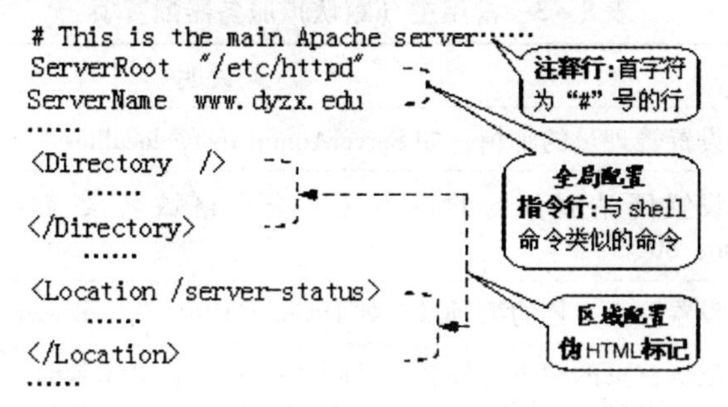

图8-5　Apache配置文件格式

（3）httpd. conf 配置文件主要由三个部分组成。

①全局环境配置。主要作为一个整体来控制 Apache 服务器进程的标识。常用配置项如表 8 – 2 所示。

表 8 – 2　常用全局环境配置项

设置项	说明
ServerType	用于定义 Apache 服务器的运行模式，默认值 standalone 为独立运行的服务器，如设置为 inetd，则由 xinetd 服务器负责 Apache 服务器的启动
ServerRoot	设置 Apache 服务器的根（Root）目录，如 ServerRoot “/etc/httpd”
Timeout	设置 Web 服务器与浏览器之间网络连接的超时秒数，如 Timeout120
KeepAlive	设置为 Off 时，服务器不使用保持连接功能，传输的效率比较低；设置为 On 时，可以提高服务器传输文件的效率，建议设置保持连接功能有效，如 KeepAlive Off
MaxKeepAliveRequests	每次连接最多请求文件数（当 KeepAlive 为 On 时，设置客户端每次连接允许请求响应的最大文件数，默认设置为 100 个文件），如 MaxKeepAliveRequests 100
KeepAliveTimeout	保持连接状态时的超时时间，如 KeepAliveTimeout 15
Listen	设置服务器监听的 IP 地址、端口号，如 Listen　80
Include	需要包含进来的其他配置文件，如 Includeconf. d/ * . conf
User	运行服务的用户身份，如 User apache
Group	运行服务的组身份，如 Group apache
AddDefaultCharset	为发送出的所有页面指定默认的字符集。默认设置为 AddDefaultCharset UTF – 8
MaxSpareServers	最多的空闲子进程数量。多余的服务器进程副本就会退出默认设置 MaxSpare Servers 10
MaxClients	服务器支持的最多并发访问的客户数。默认设置为 MaxClients 150
MaxRequestsPerChild	定义每个子进程处理服务请求的次数。默认设置为 MaxRequestsPerChild 30

②主（默认）服务器配置。响应虚拟主机不能处理的请求，常用配置项如表 8 – 3 所示。

表 8 – 3　常用主（默认）服务器配置项

设置项	说明
ServerAdmin	设置管理员的邮箱，如 ServerAdmin root@ localhost
ServerName	设置网站服务器的域名（完全合格域名），如 # ServerName　www. example. com：80
DocumentRoot	设置网页文档的根目录，如 DocumentRoot “/var/www/html”
DirectoryIndex	默认首页的网页文件名，可同时指定多个文件名称，两两之间用空格分隔，如 DirectoryIndex index. html index. html. var

续表

设置项	说明
ErrorLog	指定错误日志文件的存放位置和文件名，此位置是相对 ServerRoot 定义的根目录的相对目录。默认设置为 ErrorLog　logs/error_log
LogLevel	设置记录的错误信息的详细等级。默认设置为 LogLevel　warn　（警告等级）
CustomLog	用于指定访问日志文件的位置和格式类型，访问日志文件用于记录服务器处理的所有请求。默认设置为 CustomLog logs/access_log combined
配置区域（容器）与访问控制命令：< >…… < / >	指定配置区域内不同对象的各种访问控制。常用的区域有：目录（虚拟目录）区域：< Directory > …… </Directory >；虚拟主机区域：< VirtualHost > …… </VirtualHost >

③虚拟主机的配置。配置不同 IP 地址、不同域名、不同端口号的多个站点。通过配置虚拟主机，可以在单个服务器上运行多个 Web 站点。对于此配置会在后面的任务里详细说明。

【同步实训】

现在很多网站都允许用户拥有自己的主页空间，用户可以很方便地管理自己的主页空间，现要在 IP 地址为 192. 168. 12. 129 的 Apache 服务器中，为系统用户 wangwang 设置个人主页空间。该用户的家目录为/home/wang，个人主页空间所在的目录为 public_html。

（1）输入以下命令创建 wangwang 系统用户：

```
#useradd  wangwang     //创建 wangwang 用户
#passwd  wangwang     //创建 wangwang 用户的密码
```

（2）创建个人主页空间所在目录，修改其家目录权限，使其他用户具有读和执行的权限。建立个人主页测试网页：

```
#mkdir -p /home/wangwang/public_html   //创建用户的家目录和个人主页空间所在的目录
#chmod  705  /home/wangwang/  //添加家目录读和执行权限
#echo  "this is wangwang's web." > > /home/wangwang/public_html/index.html  //建立个人主页测试网页
```

（3）修改 httpd. conf 文件，启用个人主页功能：

```
#vi  /etc/httpd/conf/httpd.conf
……
#UserDir  disable            //若存在此行,应注释掉以开启个人主页功能
……
UserDir  public_html  //设置用户的主页存放的目录
 <Directory  "/home/*/public_html" >  //确认目录区域设置
AllowOverride none
    Options none
    Orderallow,deny
```

```
    Allow from all
</Directory>
```

(4) 重启 httpd 服务，在 Firefox 浏览器地址栏中输入“http://192.168.12.129/~wangwang”访问用户 wangwang 的个人主页（其中 192.168.12.129 为服务器的 IP 地址），如图 8-6 所示。

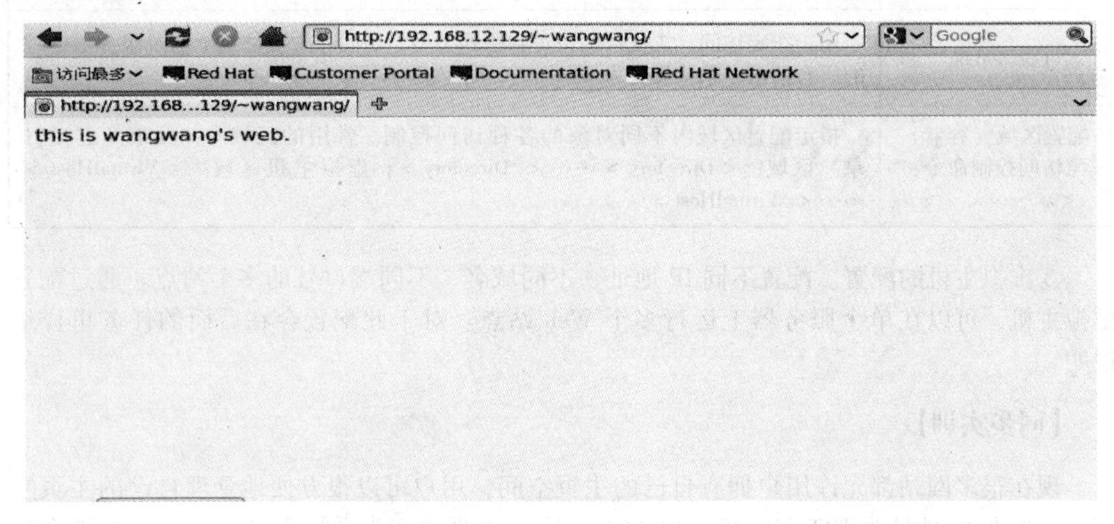

图 8-6　用户个人空间的访问效果

任务 3　配置动态 Web 站点

【任务描述】

某公司搭建一台 Web 主服务器，采用的 IP 地址为 172.22.1.222，端口号为 80，首页采用 index.html 文件，管理员 E-mail 地址为 root@jszc.com，网页的编码类型采用 UTF-8，网站所有资源都存放在/var/www/html 目录下，并将 Apache 的根目录设置为/etc/httpd 目录。

【任务分析】

通过改变配置文件 httpd.conf 中选项的内容，并重启服务，来完成 Web 站点的配置。

【任务实施】

(1) 输入以下命令打开主配置文件 httpd.conf，并对它进行修改：

```
#vi /etc/httpd/conf/httpd.conf
```

(2) 在配置文件中找到下列项进行修改：

```
ServerRoot  "/etc/httpd"     //设置 Apache 的根目录为/etc/httpd
Timeout 120            //设置客户端访问超时时间为 120 秒
Listen 80       //设置 httpd 监听端口 80
ServerAdmin   root@jszc.com   //设置管理员 E-mail 地址为 root@
```

```
jszc.com
    ServerName  172.22.1.222:80  //设置Web服务器的主机名和监听端口
    DocumentRoot  "/var/www/html"  //设置网页文档的主目录
    DirectoryIndex  index.html  //设置主页文件
    AddDefaultCharset  UTF-8  //设置服务器的默认编码
```

（3）首先编写简单的测试网页 index. html，index. html 可参考以下代码编写（思考：编写的 index. html 应该保存在哪里?）：

```
<html>
<title>
测试网页
</title>
<body>
<h1>欢迎访问 xxx 公司网站!! </h1>
</body>
</html>
```

（4）重新启动 httpd 服务：

```
#service  httpd  restart
```

（5）在浏览器输入地址“http：//172.22.1.222”，测试是否能看到如图 8－7 所示的网页。

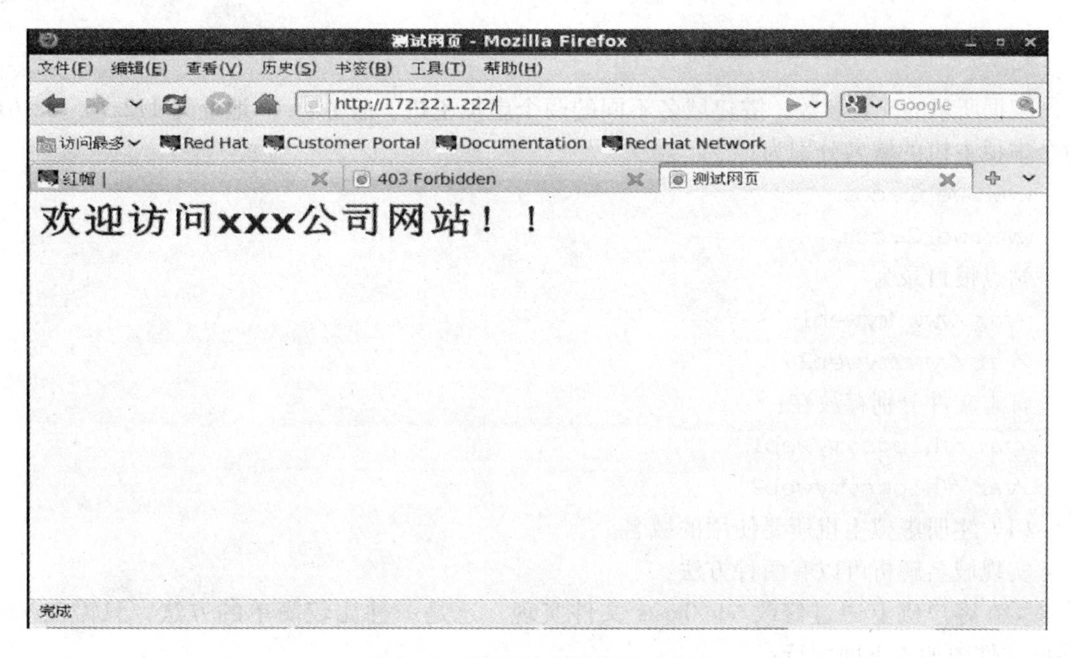

图 8－7 Web 站点测试页面效果

注意：如果看到网页中文显示乱码问题，则通过修改配置文件，将 AddDefultCharset ISO－8859－1 改成 AddDefultCharset GB2312，保存后重启 Apache 服务器，如果还是显示乱码，则重新启动 Linux 系统。

任务 4　虚拟主机的配置

【任务描述】

虚拟主机是在一台服务器上运行多个 Web 站点。有 3 种设定虚拟主机的方式：

（1）基于名称的虚拟主机。只需服务器有一个 IP 地址即可，所有的虚拟主机共享同一个 IP，各虚拟主机之间通过域名进行区分。但需要新版本的 HTTP 1. 1 浏览器支持。这种方式已经成为建立虚拟主机的标准方式。

（2）基于 IP 的虚拟主机。需要在服务器上绑定多个 IP 地址，然后配置 Apache，把多个网站绑定在不同的 IP 地址上，访问服务器上不同的 IP 地址，就可以看到不同的网站。

（3）基于端口号的虚拟主机。只需服务器有一个 IP 地址即可，所有的虚拟主机共享同一个 IP，各虚拟主机之间通过不同的端口号进行区分。在设置基于端口号的虚拟主机的配置时，需要利用 Listen 语句设置所监听的端口。

【任务分析】

本任务分别使用 3 种设定虚拟主机的方式来完成对虚拟主机的配置。

【任务实施】

1. 配置基于域名的虚拟主机

根据所示的配置参数，搭建域名不同的两个虚拟主机。服务器 IP 地址为 172. 16. 102. 61，两个虚拟主机的域名分别为：

```
www.web1.com
www.web2.com
```

站点根目录为：

```
/var/www/myweb1/
/var/www/myweb2/
```

日志文件分别存放在：

```
/var/vhlogs/myweb1
/var/vhlogs/myweb2
```

（1）注册虚拟主机所要使用的域名。

实现域名解析可以有两种方法：

①在客户机上通过修改/etc/hosts 文件实现。这是一种比较简单的方法，只需在/etc/hosts 文件中加入下面两行：

```
172.16.102.61   www.web1.com
172.16.102.61   www.web2.com
```

②在 DNS 服务器上通过配置 DNS 实现。需要给每台虚拟主机创建一个 CNAME。在 var/named/named. hosts 文件中加入以下两行：

```
www.web1.com  IN  CNAME    a100.redflag.com.
www.web2.com  IN  CNAME    a100.redflag.com
```

重启 DNS 后，可以用 nslookup 和 ping 命令来测试，命令如下：

```
#nslookup
>set type=cname
>hosta.redflag.com
#ping  www.web1.com
#ping  www.web2.com
```

使用虚拟主机可实现一机多站。

（2）创建所需的目录和默认首页文件。

在/usr 目录下创建 4 个目录，分别用来存放两主机的网页和日志文件。操作如下：

```
#mkdir  -p  /var/www/myweb1
#mkdir  -p  /var/www/myweb2
```

-p——快速建立目录结构中指定的每个目录。

```
echo  "this is www.web1.com's  web!!" >> /var/www/myweb1/index.html
echo  "this is www.web2.com's web!!" >> /var/www/myweb2/index.html
```

（3）编辑/etc/httpd/conf/httpd. conf 配置文件，设置 Listen 侦听端口：

```
Listen  80
```

（4）在 httpd. conf 文件最后添加虚拟主机的定义：

```
NameVirtualHost 172.16.102.209
```

（5）在 httpd. conf 文件最后添加以下两台虚拟机：

```
<VirtualHost 172.16.102.61>
ServerAdmin  webmaster@ web1.com
DocumentRoot  /var/www/myweb1
ServerName  www.web1.com
ErrorLog  logs  logs/myweb1  /error_log
CustomLog  logs/myweb1 /access_log  common
</VirtualHost>
<VirtualHost 172.16.102.61>
ServerAdmin  webmaster@ web1.com
DocumentRoot  /var/www/myweb1
ServerName  www.web2.com
ErrorLog  logs  logs/myweb2  /error_log
CustomLog  logs/myweb2  /access_log  common
</VirtualHost>
```

（6）重新启动 httpd 服务：

```
service  httpd  restart
```

（7）切换到图形界面。

启动浏览器在地址栏输入各自的域名，观察各自的页面能否显示在客户端看到的访问界面。

2. 配置基于 IP 地址的虚拟主机

（1）为一块网卡绑定多个 IP 地址：

```
#cd  /etc/sysconfig/network-scripts
#cp  ifcfg-eth0  ifcfg-eth0:0
#vi  ifcfg-eth0:0
DEVICE=eth0:0
IPADDR=172.16.102.121
#ifdown  eth0      //禁用网卡
#ifup eth0:0       //启用网卡
#ifup  eth0
```

（2）注册虚拟主机所使用的域名：

```
#vi  /etc/hosts
```

增加两行：

```
172.16.102.61  www.mylinux1.com
172.16.102.121  www.mylinux2.com.
```

（3）创建 Web 站点根目录和默认首页文件。在/usr 目录下创建两个目录，分别用来存放两主机的网页：

```
#mkdir  -p  /var/www/ip2  /var/www/ip3
#echo  "this is 172.16.102.61's  web!!">>/var/www/ip2/index.html
# echo  "this is 172.16.102.121 's web!!">>/var/www/ip3/index.html
```

（4）编辑/etc/httpd/conf/httpd. conf 配置文件，保证有以下 Listen 指令：

```
Listen  80
```

（5）配置虚拟主机：

```
<VirtualHost  172.16.102.61>
ServerName  www.mylinux1.com
DocumentRoot  /var/www/ip2
</VirtualHost>
<VirtualHost  172.16.102.121>
ServerName  www.mylinux2.com
DocumentRoot  /var/www/ip3
</VirtualHost>
```

（6）测试。

重新启动 httpd 服务。切换到图形界面启动浏览器，在地址栏输入各自的域名，观察各自的页面能否显示。

3. 配置基于端口号的虚拟主机

假设服务器 IP 地址为 172. 16. 102. 61，创建基于 8000 和 8800 两个不同端口号的虚拟主

机。要求不同的虚拟主机对应的主目录不同，默认文档的内容也不同。

（1）分别创建两个主目录和两个默认文件：

```
#mkdir  /var/www/port1  /var/www/port2
#echo  "this is port8000's  web!!">>/var/www/port1/index.html
#echo  "this is port8800's web!!">>/var/www/port2/index.html
```

（2）在httpd.conf文件中，设置基于端口号的虚拟主机，配置内容如下：

```
Listen  8000
Linten  8800
<VirtualHost  172.16.102.61:8000>
ServerName  www.mylinux1.com
DocumentRoot  /var/www/port8000
</VirtualHost>

<VirtualHost  172.16.102.61:8800>
ServerName  www.mylinux2.com
DocumentRoot  /var/www//port8800
</VirtualHost>
```

（3）重新启动httpd服务。

（4）在客户端访问。

实训 配置与管理Apache服务器

1. 实训目的

掌握Apache服务器的配置与应用方法。

2. 实训内容

练习利用Apache服务配置Web站点、配置基于主机名的虚拟主机。

3. 实训练习

搭建Apache服务器，在IP地址为192.168.1.100的服务器上配置基于主机名的虚拟主机，虚拟主机的域名分别为www.aaa.com、www.bbb.com。站点www.aaa.com的网页存放在服务器的/var/www/html/aaacom目录下。站点www.bbb.com的网页存放在服务器的/var/www/html/bbbcom目录下。使用同一个httpd服务同时为这两个域名提供Web服务。

4. 实训分析

要完成这个实训可以：①先搭建一台DNS服务器，以提供域名www.aaa.com、www.bbb.com到IP地址192.168.1.100的解析工作，如果没有DNS服务器，可以通过修改客户端及服务器的hosts文件，添加域名www.aaa.com、www.bbb.com到IP地址192.168.1.100的映射记录；②配置Web服务器的IP地址、主机名等参数；③创建网页文档目录及测试文件，修改httpd.conf文件，添加虚拟主机设置；④重启httpd服务；⑤验证实验结果。

5. 实训报告

按要求完成实训报告。

项目 9

架设 E - mail 服务器

【学习目标】

知识目标：

- 了解电子邮件服务器的功能和工作原理。
- 了解邮件服务的主要组成。
- 理解 Postfix 的主要功能。
- 理解 Dovecot 的功能和作用。
- 了解使用邮件客户端收发电子邮件的方法。

能力目标：

- 能够安装 MTA 服务器 Postfix，并且设置相关防火墙规则。
- 掌握 Postfix 的配置方法。
- 掌握设置邮箱容量和邮箱别名的方法。
- 能够配置 IMAP 服务 Dovecot，并设置相关防火墙规则。
- 掌握配置电子邮件客户端的方法。

【项目描述】

公司高层决定使用自己公司域名后缀的电子邮箱，定期和客户通过电子邮件方式进行联系。根据公司需求，要求搭建公司域名后缀的企业邮箱，公司员工在企业内网可以使用邮件客户端收发邮件。经过比较，最后决定使用 RHEL 6.4 默认的邮箱 SMTP 服务器软件 Postfix 和 Sendmail 服务器软件，满足公司日常使用企业邮箱收发邮件的需求。

【任务分解】

学习本项目需要完成 4 个任务：任务 1，安装、启动与停止 Sendmail 服务；任务 2，配置 Sendmail 邮件服务器；任务 3，安装、启动与停止 Postfix 邮件服务；任务 4，配置 Postfix 邮件服务器。

【问题引导】

- 什么是 E - mail 服务器？
- 电子邮件是如何在网络中传送的？
- Sendmail 的作用是什么？
- Postfix 的作用是什么？

【知识学习】

电子邮件（简称 E－mail）是 Internet 最早出现的服务之一，是人们利用计算机网络进行信息传递的一种简便、迅速、廉价的现代化通信方式，它不但可以传送文本，而且可以传递图片、图像、声音等多媒体信息。与传统邮件相比，电子邮件服务的诱人之处在于传递迅速。如果采用传统的方式发送信件，发一封特快专递也需要至少一天的时间，而发一封电子邮件给远在他方的用户，通常来说，对方几秒钟之内就能收到。跟最常用的日常通信手段——电话系统相比，电子邮件在速度上虽然不占优势，但它不要求通信双方同时在场。由于电子邮件采用存储—转发的方式发送邮件，发送邮件时并不需要收件人处于在线状态，收件人可以根据实际需要随时上网从邮件服务器上收取邮件，方便了信息的交流。

电子邮件系统由以下几个部分组成：

- 邮件用户代理 MUA——客户端程序，其功能是为邮件用户提供发送、接收及邮件的撰写、阅读的界面，是用户与电子邮件系统的接口。
- 邮件传输代理 MTA——负责接收 MUA 发送的邮件，并将邮件由一个 MTA 服务器转发到另一个 MTA 服务器。
- 邮件递交代理 MDA——负责把邮件按照接收者的用户名投递到邮箱中。
- 电子邮件协议——SMTP、POP3、IMAP4。

电子邮件与普通邮件有类似的地方，发信者注明收件人的姓名与地址（即邮件地址），发送方服务器把邮件传到收件方服务器，收件方服务器再把邮件发送到收件人的邮箱中。以一封邮件的传递过程为例，图 9－1 是邮件发送的基本过程。

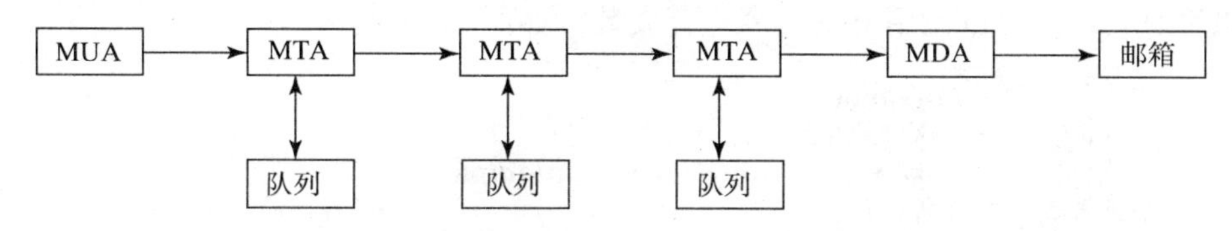

图 9－1　邮件发送过程

（1）邮件用户在客户机使用 MUA 撰写邮件，并将写好的邮件提交给本地 MTA 上的缓冲区。

（2）MTA 每隔一定时间发送一次缓冲区中的邮件队列。MTA 根据邮件的接收者地址，使用 DNS 服务器的 MX（邮件交换器资源记录）解析邮件地址的域名部分，从而决定将邮件投递到哪一个目标主机。

（3）目标主机上的 MTA 收到邮件以后，根据邮件地址中的用户名部分判断用户的邮箱，并使用 MDA 将邮件投递到该用户的邮箱中。

（4）该邮件的接收者可以使用常用的 MUA 软件登录邮箱，查阅新邮件，并根据自己的需要做相应的处理。

电子邮件相关协议：

- SMTP（Simple Mail Transfer Protocol）协议。电子邮件在网络上 MTA 之间传输，使用的应用层协议为简单邮件传输协议（SMTP）。该协议默认在 TCP 25 端口上工作。
- POP3（Post Office Protocol 3）协议。邮局协议第 3 版，负责把用户的电子邮件信息从邮件服务器传递到用户的计算机上。该协议默认工作在 TCP 110 端口上。

- IMAP4（Internet Message Access Protocol 4）协议。Internet 信息访问协议的第 4 个版本，能够在线阅读邮件信息而不将邮件下载到本地。该协议默认工作在 TCP 143 端口上。

任务 1　安装、启动与停止 Sendmail 服务

【任务描述】

让内网用户可以访问公司邮件服务器，使用公司域名后缀的邮箱收发邮件。需要在 RHEL 下安装并配置 Sendmail。

【任务分析】

要完成本任务必须确保：①有安装好的 RHEL 操作系统，并且必须保证 Apache 服务和 Perl 语言解释器正常工作。客户端使用 Linux 或 Windows 网络操作系统。服务器和客户端能够进行网络通信。②电子邮件服务器的 IP 地址、子网掩码等 TCP/IP 参数手工配置。

【任务实施】

（1）安装 Sendmail 服务。

可以使用下面的命令检查系统是否已经安装了 Sendmail 服务：

```
[root@ mail ~]# rpm  -qa |grep  sendmail
```

如果没有安装，可以使用 rpm 命令进行安装，如图 9－2 所示。

```
//挂载光盘到/mnt/mail
[root@server ~]# mkdir  /mnt/mail
[root@server ~]# mount  /dev/cdrom  /mnt/mail
//进入安装文件所在目录
[root@server ~]# cd  /mnt/mail/Server
//安装相应的软件包
[root@server Server]#rpm –ivh  sendmail-8.13.8-2.el5.i386.rpm
[root@server Server]#rpm –ivh  m4-1.4.5-3.el5.1.i386.rpm
[root@server Server]#rpm –ivh  sendmail-cf-8.13.8-2.el5.i386.rpm
[root@server Server]#rpm –ivh  sendmail-doc-8.13.8-2.el5.i386.rpm
[root@server Server]#rpm –ivh  sendmail-devel-8.13.8-2.el5.i386.rpm
```

图 9－2　安装 Sendmail 服务

安装 Sendmail 服务前先了解安装所需要的软件包：

sendmail－8. 13. 8－2. el5. i386. rpm：Sendmail 服务端软件。

sendmail－cf－8. 13. 8－2. el5. i386. rpm：与 Sendmail 相关的服务器端配置文件和程序。

sendmail－doc－8. 13. 8－2. el5. i386. rpm：Sendmail 服务器端的文档。

sendmail－devel－8. 13. 8－2. el5. i386. rpm：Sendmail 开发库文档。

m4－1. 4. 5－3. el5. 1. i386. rpm：GNU 宏处理器，Sendmail 服务使用该程序转换宏文件。

（2）Sendmail 服务启动。

启动和重新启动 Sendmail 服务的命令和界面如图 9－3 所示。

```
//启动sendmail服务
[root@server ~]# service sendmail start
//重新启动sendmail服务
[root@server ~]# service sendmail restart
//或者
[root@server ~]# /etc/rc.d/init.d/sendmail   restart
```

图9-3　启动和重启 Sendmail 服务

（3）Sendmail 服务停止。

停止 Sendmail 服务的命令如图9-4所示。

```
[root@server ~]# service sendmail stop
```

图9-4　停止 Sendmail 服务

任务2　配置 Sendmail 邮件服务器

【任务描述】

某局域网内要求配置一台 Sendmail 邮件服务器。该邮件服务器的 IP 地址为 192.168.1.2，负责投递的域为 jyg.com。该局域网内部的 DNS 服务器为 192.168.0.9，该 DNS 服务器负责 jyg.com 域的域名解析工作。要求通过配置该邮件服务器可以实现用户 user1 利用邮箱账号 user1@jyg.com 给邮箱账号为 user@jyg.com 的用户 user 发送邮件。

【任务分析】

要完成配置 Sendmail 邮件服务器，必须通过修改 sendmail.mc 文件，使用 m4 工具将 sendmail.mc 文件编译为 sendmail.cf 文件，修改 access 文件或启用 smtp 验证功能等一系列操作才能完成。

【任务实施】

（1）Sendmail 服务的主要配置文件：

/etc/mail/sendmail.cf：Sendmail 服务的主配置文件。

/etc/mail/sendmail.mc：Sendmail 服务的宏文件。

/etc/mail/local-host-names：用于设置服务器所负责投递的域。

/etc/mail/access.db：数据库文件，用于实现中继代理。

/etc/aliases：用于定义 Sendmail 邮箱别名。

/etc/mail/virtusertable.db：用于定义虚拟用户和域的数据库文件。

sendmail 的主配置文件 sendmail.cf 控制着 Sendmail 的所有行为，但使用了大量的宏代码进行配置。通常利用宏文件 sendmail.mc 生成 sendmail.cf。sendmail.cf 是 Sendmail 的核心配置文件，有关 Sendmail 参数的设定大都需要修改该文件。但是，Sendmail 的配置文件和其他服务的主配置文件略有不同，其内容为特定宏语言所编写，这导致大多数人对它都抱有恐惧心理，甚至有人称之为“天书”。因为文件中的宏代码实在太多。由于 sendmail.mc 文件的可读性远远大于 sendmail. cf 文件，并且在默认情况下，Sendmail 提供 sendmail. mc 文件模板。所以，只需要通过编辑 sendmail. mc 文件，然后使用 m4 工具将结果导入 sendmail. cf 文件中即可。通过这种方法可以大大降低配置复杂度，并且可以满足环境需求。

（2）修改/etc/mail/sendmail. mc 文件，使得 Sendmail 可以在正确的网络端口监听服务请求。

找到行：

```
DAEMON_OPTIONS(`Port=smtp,Addr=127.0.0.1,Name=MTA')dnl
```

修改为：

```
DAEMON_OPTIONS(`Port=smtp,Addr=192.168.1.2,Name=MTA')dnl
```

（3）利用 m4 宏编译工具将 sendmail. mc 文件编译生成新的 sendmail. cf 文件：

```
#m4  /etc/mail/sendmail.mc > /etc/mail/sendmail.cf
```

（4）修改/etc/mail/local - host - names 文件，设置本地邮件服务器所投递的域：

```
#vi  /etc/mail/local-host-names
```

添加行：

```
jyg.com
```

（5）利用 useradd 命令添加 user1 和 user 账号，并设置账号密码：

```
[root@ RHEL6 mail]#useradd  user1
[root@ RHEL6 mail]#useradd  user
[root@ RHEL6 mail]#passwd  user1
[root@ RHEL6 mail]#passwd  user
```

（6）修改 DNS 服务器的 MX 资源记录：

```
@ INMX  10  mail.jyg.com
```

（7）各项参数都设置好后，启动 Sendmail 服务即可。

任务3　安装、启动与停止 Postfix 邮件服务

【任务描述】

让内网用户可以访问公司邮件服务器，使用公司域名后缀的邮箱收发邮件。需要在 RHEL 下安装并配置 Postfix，设置防火墙允许 25、110 和 143 端口开发。

【任务分析】

本任务主要完成 Postfix 邮件服务安装、启动与停止。

【任务实施】

（1）Postfix 服务的安装（RHEL 6. 4 默认安装了 Postfix 而非 Sendmail）：

```
[root@ mail ~]#rpm  -qa |grep  postfix
postfix-2.6.6-2.2.el6.i686
```

（2）将 Postfix 添加到开机启动服务：

```
$sudo chkconfig postfix on
$sudo service postfix start
```

任务4 配置Postfix邮件服务器

【任务描述】

Postfix和DNS服务在IP地址为172.16.102.61的同一主机，主机名为mail.dyzx.edu，服务器应为dyzx.edu本地域中的用户提供邮件服务以及远程邮件域邮件的中继转发，局域网网段为172.16.0.0/16。

【任务分析】

本任务主要通过一个实例来完成Postfix邮件服务的配置。

【任务实施】

（1）Postfix的主要配置文件（见表9-1）。

表9-1 Postfix的主要配置文件说明

文件位置及名称	功能说明
/etc/postfix/main.cf	主配置文件
/etc/postfix/master.cf	运行参数配置文件，该文件主要规定了Postfix每个子程序的运行参数，该文件默认已经配置好了，通常不需要更改
/etc/postfix/Install.cf	包含了安装过程中安装程序产生的Postfix初始化设置
/etc/postfix/access	访问控制文件，用来设置服务器为哪些主机进行转发邮件，即用于实现中继代理。设置完毕后，需要在main.cf中启用，并使用postmap生成相应的数据库文件
postfix-script	包装了一些postfix命令，以便在Linux环境中安全地执行这些postfix命令
/etc/aliases	别名文件，用来定义邮箱别名，设置完毕后，需要在main.cf中启用，并使用postalias或newaliases生成相关数据库
/etc/postfix/virtual	虚拟别名域库文件，用来设置虚拟账户和域的数据库文件

（2）main.cf文件配置行的格式及常用配置参数。

Postfix绝大多数配置参数都在main.cf文件中，且都设置了默认值。用户只要调整几个基本的参数，便可搭建起基本的接收邮件服务器。

配置行的格式为：参数=参数值|$参数。

所有配置以类似变量的设置方法来处理，如myhostname = mail.hnwy.com，请注意等号的两边要留空格符，非续行的配置行第一个字符不可以是空白，要从行首写起。

可以使用“$”来扩展使用变量设置。例如，当myhostname = mail.hnwy.com，而myorigin = $myhostname时，则后者等价于myorigin = mail.hnwy.com。

如果参数支持两个以上的参数值，则可使用空格符或逗号加空格符来分隔，如“mydestination = $ myhostname， $ mydomain，www. hnwy. com”

可使用多行来表示同一个设置值，只要在第一行最后有逗号，且第二行开头为空格符，即可将数据延伸到第二行继续书写。

若重复设置了某一项目，则以较晚出现的设置值为准。

（3）设置 Postfix 服务器所在主机的主机名（见图 9 – 5）。

```
[root@mail ~]# vim /etc/sysconfig/network
//将HOSTNAME配置项改为:
HOSTNAME=mail.dyzx.edu
[root@mail ~]# service network restart
```

图 9 – 5　设置 Postfix 服务器所在主机的主机名

（4）设置 DNS 服务。

（5）安装 Postfix 软件。

（6）编辑主配置文件 main. cf，按照表 9 – 2 所示调整基本配置项。

表 9 – 2　主配置文件 main. cf 的修改

默认值及调整值	设置功能
默认：# myhostname = host. domain. tld 调整：myhostname = mail. dyzx. com　（75 行）	设置运行 Postfix 主机的 FQDN（完全合格域名）
默认：#mydomain = domain. tld 调整：mydomain = dyzx. com　（83 行）	设置运行 Postfix 主机的域名
默认：#myorigin = $ mydomain 调整：myorigin = $ mydomain　（99 行）	由本机寄出的邮件所使用的域名或主机名称
默认：inet_interfaces = localhost 调整：inet_interfaces = all　（116 行）	设置 Postfix 监听的网络接口。如果要与外界通信，就需要监听网卡的所有 IP
默认：mydestination = $ myhostname，localhost. $ mydomain，localhost 调整：mydestination = $ myhostname，localhost. $ mydomain，localhost，$ mydomain（164 行）	可接收邮件的主机名或域名，来自其他主机名或域名的邮件将拒绝接收
默认：#mynetworks = 168. 100. 189. 0/28，127. 0. 0. 0/8 调整：mynetworks = 172. 16. 0. 0/16　（264 行）	可转发（Relay）来自那些 IP 地址或子网的邮件。其他子网邮件将拒绝转发（基于 IP 的转发）
默认：#relay_domains = $ mydestination 调整：去掉默认行首的注释“#”号　（296 行）	可转发（Relay）来自那些域名或主机名的邮件（基于域名的转发）
默认：#home_mailbox = Maildir/ 调整：去掉行首的注释“#”号　（419 行）	设置邮件存储位置和格式，Postfix 支持两种邮箱存储方式（参见以下说明）

（7）检查配置文件的语法正确性，重新加载配置：

```
[root@ mail ~]# postfix  check
[root@ mail ~]# service  postfix  restart
```

（8）创建用户账号。

（9）为了使用 Telnet 工具进行发信测试，应安装 Telnet 相关软件包。

（10）执行 ntsysv 命令，在弹出的窗口中按空格键选择 telnet，按 Tab 键选择“确定”。开启 Telnet 服务，执行 service xinetd start 启动服务（Telnet 是挂在 xinetd 下的，只要启动 xinetd 服务就能启动 Telnet 服务）。

（11）发信测试（下面曲线部分为用户输入，其余为系统应答信息）。

（12）dovecot 服务的安装过程如图 9 - 6 所示。

```
# mount /dev/cdrom /mnt
# rpm -ivh /mnt/Packages/dovecot-2.0.9-5.el6.i686.rpm
```

图 9 - 6　安装 dovecot

（13）要启用最基本的 devocot 服务，需对文件/etc/dovecot/dovecot. conf 作图 9 - 7 所示的修改。

```
[root@mail ~]# vim /etc/dovecot/dovecot.conf
//查找以下配置行并将其修改为:
protocols = imap pop3 lmtp     //20行:指定本邮件主机所运行的协议
listen = *                      //26行:监听本机的所有网络接口
login_trusted_networks = 172.16.0.0/16     //38行:指定允许登录的网段地址
```

图 9 - 7　修改/etc/dovecot/dovecot. conf 配置文件

（14）对/etc/dovecot/conf. d/10 - mail. conf 配置文件作图 9 - 8 所示的修改。

```
[root@mail ~]# vim /etc/dovecot/conf.d/10-mail.conf
//查找以下配置行(第24行)并将行首“#”去掉
mail location = maildir:~/Maildir          //指定邮件存储格式和位置
```

图 9 - 8　修改/etc/dovecot/conf. d/10 - mail. conf 配置文件

（15）启动 dovecot 服务并设置为开机自动启动，如图 9 - 9 所示。

```
[root@mail ~]# service dovecot start
[root@mail ~]# chkconfig --level 345 dovecot on
```

图 9 - 9　启动 dovecot 服务并设置

实训　电子邮件服务器的配置

1. 实训目的

掌握 Postfix 服务器的安装与配置方法。

2. 实训内容

练习 Postfix 服务器的安装、配置与管理。

3. 实训练习

搭建一个 Linux 系统下的 E - mail 服务器环境，建立子网 192. 168. 1. 0/24，邮件服务器内网地址为 192. 168. 1. 1，通过设置让内网用户可以使用电子邮件客户端收发邮件。

4. 实训分析

要完成这个实训可以：①安装并配置 Postfix；②安装并配置 Dovecot；③使用电子邮件客户端收发邮件。

5. 实训报告

按要求完成实训报告。

项目 10

架设 MySQL 数据库服务器

【学习目标】

知识目标：

- 掌握数据库的基本概念和 SQL 语言。
- 熟悉 MySQL 的特点。
- 掌握 MySQL 服务器的配置与连接。

能力目标：

- 会安装与配置 MySQL 服务器。
- 会使用常用的 MySQL 操作命令。
- 会使用用户权限管理命令。

【项目描述】

公司现在要搭建一个动态网站，不仅包括前台网页页面的设计，而且包括后台数据库服务器的搭建与管理。本项目主要介绍 MySQL 数据库服务器的安装、配置和使用。

【任务分解】

学习本项目需要完成 3 个任务：任务 1，MySQL 数据库的安装和运行；任务 2，MySQL 数据库的基本操作；任务 3，MySQL 数据库备份与恢复。

【问题引导】

- 什么是 MySQL？
- MySQL 有哪些作用？
- 如何架设 MySQL 数据库服务器？

【知识学习】

MySQL 是一个关系型数据库管理系统，由瑞典 MySQL AB 公司开发，目前属于 Oracle 公司。MySQL 是最流行的关系型数据库管理系统，在 Web 应用方面，MySQL 是最好的 RDBMS（Relational DataBase Management System，关系数据库管理系统）应用软件之一。MySQL 是一种关联数据库管理系统，关联数据库将数据保存在不同的表中，而不是将所有数据放在一个大仓库内，这样就增加了速度并提高了灵活性。MySQL 所使用的 SQL 语言是用于访问数据库的最常用标准化语言。MySQL 软件采用了双授权政策，它分为社区版和商业版，由于其体积小、速度快、总体拥有成本低，尤其是开放源码这一特点，一般中小型网站的开发都选择 MySQL 作为网站数据库。由于其社区版的性能卓越，搭配 PHP 和 Apache 可组成良好的开发环境。

总体来说，MySQL 数据库管理系统具有以下主要特点：

- 可以运行在不同平台上，支持多用户、多线程和多 CPU，没有内存溢出漏洞。
- 提供多种数据类型，支持 ODBC、SSL，支持多种语言，利用 MySQL 的 API 进行开发。
- 是目前市场上现有产品中运行速度最快的数据库系统。
- 同时访问数据库的用户数量不受限制。
- 可以保存超过 50 000 000 条记录。
- 用户权限设置简单、有效。

任务 1　MySQL 数据库的安装和运行

【任务描述】

由于 MySQL 数据库的功能强大和安装方便等特点，让它成为 RHEL 数据库的首选。

【任务分析】

在 Linux 中可采用多种方式安装 MySQL，可通过 RPM 安装程序包进行安装、使用源代码包进行安装。本任务主要介绍使用 RPM 包对 MySQL 数据库的安装以及启动和运行 MySQL。

【任务实施】

(1) 认识 MySQL 的 rpm 安装包，如表 10-1 所示。

表 10-1　MySQL 安装包描述

rpm 安装包文件名	功能描述
mysql-server-5.1.66-2.el6_3.i686.rpm	MySQL 服务器需要的相关程序
mysql--5.1.66-2.el6_3.i686.rpm	MySQL 客户端程序和共享库
mysql-devel-5.1.66-2.el6_3.i686.rpm	MySQL 头文件和库文件，若数据库服务器需要提供给第三方程序（如 PHP 网页）读取则需安装
mysql-connector-odbc-5.1.5r1144-7.el6.i686.rpm	MySQL 的 ODBC 驱动程序。若在 PHP 网页中使用 ODBC 方式来存取 MySQL 数据库则需安装
mysql-test-5.1.66-2.el6_3.i686.rpm	MySQL 客户端测试实用程序
php-mysql-5.3.3-22.el6.i686.rpm	用于使用 MySQL 数据库的 PHP 程序的模块

（2）使用 rpm 包安装 MySQL。

步骤 1：以 root 身份登录到 RHEL 6.4 系统的字符界面。

步骤 2：查看系统中是否已安装 MySQL 软件，若无任何显示，表明未安装：

```
[root@ dyzx ~]# rpm -qa  *mysql*
```

步骤 3：将 DVD 安装光盘放入光驱，并将光驱挂载到/mnt 目录中：

```
[root@ dyzx ~]# mount  /dev/cdrom  /mnt
```

步骤 4：由于此主机既作为服务器端又作为客户端，这里先安装 MySQL 的客户端安装包，该安装包的依赖软件包是 perl - DBI。MySQL 的服务端安装包还要依赖 perl - DBD - MySQL 软件包。

```
[root@ dyzx dyzx ~]# rpm  -ivh  /mnt/Packages/mysql-5.1.66-2.el6_3.i686.rpm
[root@ dyzx dyzx ~]# rpm  -ivh  /mnt/Packages/perl-DBD-MySQL-4.013-3.el6.i686.rpm
[root@ dyzx dyzx ~]# rpm  -ivh  /mnt/Packages/mysql-server-5.1.66-2.el6_3.i686.rpm
```

（3）MySQL 服务的启动、停止、重启和查询启动状态：

```
#service  mysqld  start|stop|restart|status
```

设置开机自动启动的功能：

```
#chkconfig  --level  35  mysqld  on
```

登录及退出 MySQL 环境：

```
mysql -h 主机名或 IP 地址  -u 用户名  -p 用户密码
```

退出 MySQL 服务器，可在 MySQL 提示符后输入 exit 或 quit 命令：

```
mysql>exit
```

设置 MySQL 数据库 root 账号的密码：

```
mysqladmin  -u  用户名  [-h 服务器主机名或 IP 地址][-p]  password  '新口令'
```

root 用户默认的空口令进行更改，其命令的格式为：

```
#mysqladmin  -u  root  -p  password  新口令
```

先将 root 用户的密码设置为 123，再将用户改为 456：

```
root[root@ dyzx ~]# mysqladmin  -u  root  password  123
[root@ dyzx ~]# mysqladmin  -u  root  -p  password  456
Enter password:        //输入旧密码 123 后完成修改
```

任务 2　MySQL 数据库的基本操作

【任务描述】

安装好 MySQL 后就要开始进行新建数据表、插入数据等基本操作了。

【任务分析】

本任务通过一个实例介绍了 MySQL 数据的基本操作。

【任务实施】

新建一个 student 的学生库，并选择该数据库作为当前数据库，在 student 学生库中创建一个名为 course 的课程表。course 表包括两个字段，即 stu_id、stu_name，均为非空字符串值，初始学号值设为“20110000”，其中，stu_name 字段被设为关键索引字段（PRIMARY KEY）。向 student 学生库中 course 表中插入两个学生的记录，并对有关记录进行显示、修改和删除的操作。

（1）MySQL 安装后会默认创建 3 个数据库，即 information_schema、mysql 和 test，其中名为 mysql 的数据库很重要，它里面保存有 MySQL 的系统信息、用户修改密码和新增用户，实际上就是针对该数据库中的有关数据表进行操作。MySQL 基本命令如表 10 - 2 所示。

表 10 - 2　MySQL 基本命令

MySQL 命令	功能
show databases;	查看服务器中当前有哪些数据库
use 数据库名;	选择所使用的数据库
create database 数据库名;	创建数据库
drop database 数据库名;	删除指定的数据库
create table 表名（字段设定列表）;	在当前数据库中创建数据表
show tables;	显示当前数据库中有哪些数据表
describe [数据库名.] 表名;	显示当前或指定数据库中指定数据表的结构（字段）信息
drop table [数据库名.] 表名;	删除当前或指定数据库中指定的数据表

```
mysql >CREATE  DATABASE  student;
Query OK,1 row affected(0.00 sec)
mysql >USE student;
Database changed
mysql >CREATE TABLE course(id CHAR(10) NOT NULL DEFAULT '20120000',
PRIMARY KEY(id),name CHAR(8) NOT NULL);
Query OK,0 rows affected(0.00 sec)
mysql >DESCRIBE course;          //显示当前 student 库中 course 表的结构信息
```

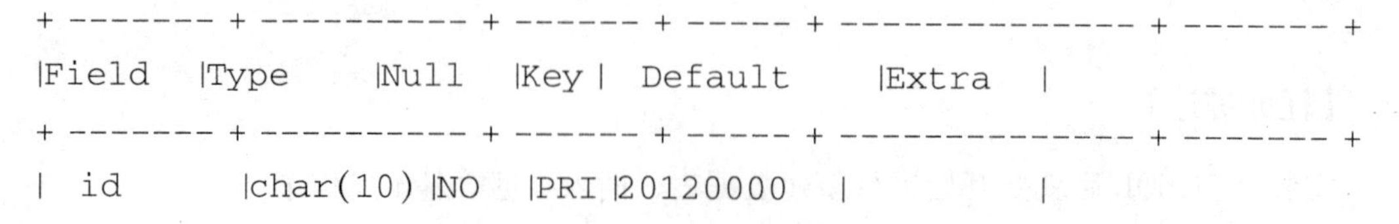

```
+-------+----------+------+-----+-------------+-------+
|Field  |Type      |Null  |Key | Default     |Extra  |
+-------+----------+------+-----+-------------+-------+
| id    |char(10)  |NO    |PRI |20120000     |       |
```

```
|name   |char(8)  |NO   |        |NULL       |          |
+-------+----------+------+-----+--------------+-------+
2 rows in set(0.00 sec)
mysql > show tables;            //显示当前 student 库中有哪些数据表
+------------------------+
|Tables_in_student   |
+------------------------+
|course                  |
+------------------------+
1 row in set(0.00 sec)
```

（2）记录的查看、插入、修改与删除，命令如表 10 - 3 所示。

表 10 - 3　MySQL 命令

MySQL 命令	功能
insert into 表名（字段 1，字段 2，……）values（字段 1 的值，字段 2 的值，……）;	向数据表中插入新的记录
update 表名 set 字段名 1 = 字段值 1 [，字段名 2 = 字段值 2] where 条件表达式;	修改、更新数据表中的记录
select 字段名 1，字段名 2……from 表名 where 条件表达式;	从数据表中查找符合条件的记录
select * from 表名;	显示当前数据库表中的记录
delete from 表名 where 条件表达式;	在数据表中删除指定的记录
delete from 表名;	将当前数据库表中记录清空

```
mysql > INSERT  INTO student.course(id,name) VALUES('20120164','
zhang3');
Query OK,1 row affected(0.00 sec)
mysql > INSERT  INTO student.course(id,name) VALUES('20120165','li-
si');
Query OK,1 row affected(0.00 sec)
mysql > SELECT  * FROM student.course;
+-----------+------------+
|id          |name       |
+-----------+------------+
|20120164 |zhang3 |
|20120165 |lisi        |
+-----------+------------+
2 rows in set(0.00 sec)
mysql >  UPDATE  student.course SET name = 'li4' WHERE name = 'lisi';
```

```
Query OK,1 row affected(0.00 sec)
Rows matched:1   Changed:1   Warnings:0
mysql >DELETE  FROM student.course WHERE name ='li4';
Query OK,1 rows affected(0.00 sec)
```

(3) 创建与授权用户。

其语法格式如下:

grant 权限列表 on 数据库名 . 表名 to 用户名@ 来源地址[identified by '密码']

其中，权限列表：是以逗号分隔的权限符号。主要用户权限如表 10 – 4 所示。

表 10 – 4　主要用户权限

权限符号	权限	权限符号	权限
select	读取表的数据	insert	向表中插入数据
update	更新表中的数据	delete	删除表中的数据
index	创建或删除表的索引	create	创建新的数据库和表
alter	修改表的结构	grant	将自己拥有的某些权限授予其他用户
drop	删除现存的数据库和表	file	在数据库服务器上读取和写入文件
reload	重新装载授权表	process	查看当前执行的查询
shutdown	停止或关闭 MySQL 服务	all	具有全部权限

数据库名 . 表名：可使用通配符 “ * ”，如 “ * . * ” 表示任意数据库中的任意表。

用户名@ 来源地址：用于设置谁能登录，能从哪里登录。用户名不能使用通配符，但可使用连续的两个单引号 “''” 来表示空字符串，可用于匹配任何用户；来源地址可使用 “%” 作为通配符，匹配某个域内的所有地址（如%. hnwy. com），或使用带掩码标记的网络地址（如 172. 16. 1. 0/16）；省略来源地址时相当于 “%”。

省略 “identified by” 部分时，新用户的密码将为空。

试增加一个名为 user1 的 MySQL 用户，允许其从本地主机（即 MySQL 数据库所在的主机）上登录，且只能对数据库 student 进行查询，用户密码设置为 abc，然后验证该用户能否进行登录、查询和添加记录的操作。

```
mysql >grant  select on student. *  to user1@ localhost  identified
by "abc";  //创建并授权用户
Query OK,0 rows affected(0.00 sec)
mysql >exit
[root@ dyzx ~]# mysql  -h  localhost  -u  user1  -p  //验证登录操作
Enter password:
Welcome to the MySQL monitor.  Commands endwith ; or \g.
Your MySQL connection id is 10
Server version:5.1.66 Source distribution
Copyright(c) 2000,2012,Oracle and/or its affiliates.All rights re-
```

served.

Oracle is a registered trademark of Oracle Corporation and/or its affiliates.Other names may be trademarks of their respective owners.

Type 'help;' or '\h' for help.Type '\c' to clear the current input statement.

mysql > SELECT * FROM student.course; //验证查询操作

mysql > INSERT INTO student.course(id,name) VALUES('20120166','wang5'); //添加记录

ERROR 1142(42000):INSERT command denied to user 'user1'@ 'localhost' for table 'course

①查看用户的权限。查看用户权限命令：

select 命令

show grants for 用户名@ 域名或 IP 地址;

查看用户 user1 从服务器本机进行连接时的权限：

```
mysql > show grants for user1@ 'localhost';
+-----------------------------------------------------------------------------------------------------+
|Grants for user1@ localhost                                                                            |
+-----------------------------------------------------------------------------------------------------+
|GRANT USAGE ON *.* TO 'user1'@ 'localhost' IDENTIFIED BY PASSWORD '7cd2b5942be28759'  |
|GRANT SELECT ON'student'.* TO 'user1'@ 'localhost'                                                  |
+-----------------------------------------------------------------------------------------------------+
2 rows in set(0.00 sec)
```

②撤销用户的权限。

revoke 权限列表 on 数据库名.表名 from 用户名@域名或 IP 地址

撤销用户 user1 从服务器本机访问数据库 student 的查看权限：

```
mysql > revoke select on student.* from user1@ localhost;
Query OK,0 rows affected(0.00 sec)
mysql > show grants for user1@ 'localhost';
+-----------------------------------------------------------------------------------------------------+
Grants for user1@ localhost

+-----------------------------------------------------------
```

```
---------+
    GRANT USAGE ON *.* TO 'user1'@'localhost' IDENTIFIED BY PASSWORD
'7cd2b5942be28759'
    +--------------------------------------------------------------
--------+
    1 row in set(0.00 sec)
```

任务 3　MySQL 数据库的备份与恢复

【任务描述】

安装好 MySQL 数据库，并在其中创建了数据库和表，还插入了数据，以方便现在对数据库中的表进行备份和恢复。

【任务分析】

本任务通过一个实例介绍了 MySQL 数据的备份与恢复。

【任务实施】

备份指定的 student 数据库，备份 student 数据库中的 course 表，备份服务器中的所有数据库内容。

1. 直接备份数据库所在的目录

使用 cp、tar 等命令直接备份数据库所存放的目录。

2. 使用 mysqldump 命令备份和恢复

语法格式如下：

mysqldump -u 用户名 -p [密码][选项][数据库名][表名] > /备份路径/备份文件名

--all-databases——备份服务器中的所有数据库内容。

--opt——对备份过程进行优化，此项为默认选项。

```
[root@dyzx ~]#mysqldump -u root -p --opt student >back_student
Enter password:
[root@dyzx ~]#mysqldump -u root -p student course >back_course
Enter password:
[root@dyzx ~]#mysqldump -u root -p --all-databases >back_all
Enter password:
[root@dyzx ~]# ll back*
-rw-r--r--1 root root 422877 12-16 06:56 back_all
```

```
-rw-r--r--1 root root  1825 12-16 06:55 back_course
-rw-r--r--1 root root  1825 12-16 06:55 back_student
```

3. 恢复（导入）数据

语法格式如下：

```
mysql -u root -p[数据库名]< /备份路径/备份文件名
```

恢复整个 student 数据库；恢复 student 数据库中的 course 表；恢复服务器中的所有数据库内容。

```
[root@ dyzx ~]# mysql  -u  root  -p  student < back_student
Enter password:
[root@ dyzx ~]# mysql  -u  root  -p  student < back_course
Enter password:
[root@ dyzx ~]# mysql  -u  root  -p  < back_all
Enter password:
```

实训 MySQL 数据库服务器

1. 实训目的

（1）掌握 MySQL 数据库安装方法。

（2）掌握 MySQL 基本操作。

2. 实训内容

练习 Linux 系统下安装 MySQL 以及创建相应数据表的方法。

3. 实训练习

安装 MySQL 数据库，并创建公司数据库 TB，在数据库中创建公司员工表 gstable，在其中输入任意 5 个数据，并对 gstable 表进行数据备份。

4. 实训分析

要完成这个实训可以：①在 Linux 下安装 MySQL；②使用 create database 命令创建 TB 数据库；③使用 create table 命令创建 gstable 表；④使用 insert into 插入 5 条数据；⑤使用 mysqldump 命令备份数据。

5. 实训报告

按要求完成实训报告。

项目 11

防火墙与 Squid 代理服务器的搭建

【学习目标】

知识目标：

- 了解防火墙的基本概念、分类与作用。
- 掌握 Squid 代理服务器的分类及特点。
- 熟悉 Linux 防火墙的架构及包过滤的匹配流程。
- 掌握 iptables 命令的格式和使用。
- 掌握 NAT 的配置方法。

能力目标：

- 会安装 iptables 软件包。
- 能使用 iptables 命令设置包过滤规则。
- 会配置 NAT 服务。
- 会安装 Squid 软件包。
- 会架设普通代理、透明代理和反向代理服务器。
- 会在客户端测试 iptables 和 Squid 的配置情况。

【项目描述】

公司现在规模逐年扩大，越来越多的员工需要在公司上互联网，公司原来采购的出口路由器已经不堪重负，频频死机。为了满足公司员工的上网需求以及提高公司内部网络安全性，公司希望不采购防火墙设备，利用一台 Linux 主机构建网络防火墙。此外，公司的网站开通之后，网站的访问量不断攀升，公司也通过网站得到了好几笔订单。老板在暗暗高兴的同时，又产生了新的担心。网络上存在很多威胁，公司的网站会不会受到攻击和破坏呢？所以应使用 Linux 建立 iptables 防火墙，通过 NAT 功能共享网络，并且在 Web 服务器上建立服务器主机防火墙。

【任务分解】

学习本项目需要完成 6 个任务：任务 1，安装 iptables 主机防火墙；任务 2，配置 iptables 规则；任务 3，配置 NAT；任务 4，安装、启动与停止 Squid 服务；任务 5，配置 Squid 服务器；任务 6，配置透明代理。

【问题引导】

- 什么是防火墙？

- 防火墙的作用是什么?
- 什么是 iptables?

【知识学习】

信息安全始终是企业信息化中一个不可忽视的重要方面，而如何在保障企事业内部网络安全的同时为内网和外网（互联网）的用户提供高效、安全、稳定可靠的访问服务，是网络管理员所考虑的问题。RHEL 6.4 内置的 iptables 防火墙和代理服务器则提供了一种物美价廉的解决方案，如图 11 -1 所示。

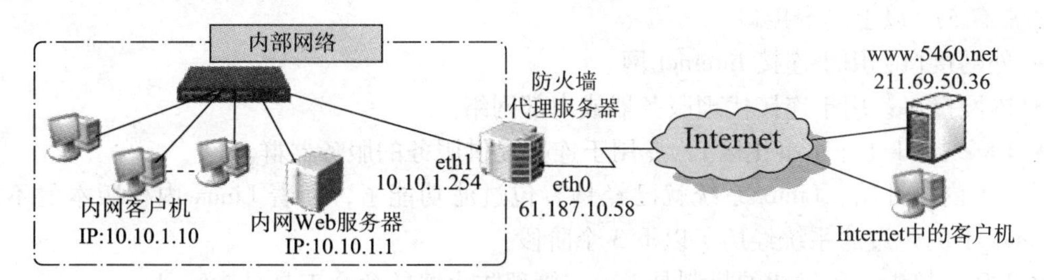

图 11 -1　iptables 防火墙和代理服务器结构

防火墙是指设置在不同网络（如可信任的企业内部网和不可信的公共网）或网络安全域之间的一系列部件的组合。

它是不同网络或网络安全域之间信息的唯一出入口，能根据企业的安全策略控制（允许、拒绝、监测）出入网络的信息流，且本身具有较强的抗攻击能力。

在逻辑上，防火墙是一个分离器、限制器和分析器，它能有效地监控内部网和 Internet 之间的任何活动，保证了内部网络的安全。

1. 防火墙的功能

（1）过滤进出网络的数据包，封堵某些禁止的访问行为。

（2）对进出网络的访问行为作出日志记录，并提供网络使用情况的统计数据，实现对网络存取和访问的监控审计。

（3）对网络攻击进行检测和告警。

（4）防火墙可以保护网络免受基于路由的攻击，如 IP 选项中的源路由攻击和 ICMP 重定向中的重定向路径，并通知防火墙管理员。

（5）提供数据包的路由选择和网络地址转换（NAT），从而解决局域网中主机使用内部 IP 地址也能够顺利访问外部网络的应用需求。

2. 防火墙的类型

1）按采用的技术划分

（1）包过滤型防火墙。在网络层或传输层对经过的数据包进行筛选。筛选的依据是系统内设置的过滤规则，通过检查数据流中每个数据包的 IP 源地址、IP 目的地址、传输协议（TCP、UDP、ICMP 等）、TCP/UDP 端口号等因素，来决定是否允许该数据包通过（包的大小为 1 500 B）。

（2）代理服务器型防火墙。这是运行在防火墙之上的一种应用层服务器程序，它通过对每种应用服务编制专门的代理程序，实现监视和控制应用层数据流的作用。

2）按实现的环境划分

（1）软件防火墙：学校、上前台计算机的网吧。普通计算机 + 通用的操作系统（如 Linux）。

（2）硬件（芯片级）防火墙：基于专门的硬件平台和固化在 ASIC 芯片来执行防火墙的策略和数据加解密，具有速度快、处理能力强、性能高、价格比较昂贵的特点（如 NetScreen、FortiNet）。

通常有 3 个以上网卡接口。

- 外网接口：用于连接 Internet 网。
- 内网接口：用于连接代理服务器或内部网络。
- DMZ 接口（非军事化区）：专用于连接提供服务的服务器群。

从 1.1 内核开始，Linux 系统就已经具有包过滤功能了，随着 Linux 内核版本的不断升级，Linux 下的包过滤系统经历了以下 3 个阶段：

在 2.0 内核中，包过滤的机制是 ipfw，管理防火墙的命令工具是 ipfwadm。

在 2.2 内核中，包过滤的机制是 ipchain，管理防火墙的命令工具是 ipchains。

在 2.4 之后的内核中，包过滤的机制是 netfilter，防火墙的命令工具是 iptables。

3. Linux 防火墙的架构

Linux 防火墙系统由以下两个组件组成。

1）netfilter

netfilter 是集成在内核中的一部分，作用是定义、保存相应的过滤规则。

提供了一系列的表，每个表由若干个链组成，而每条链可以由一条或若干条规则组成。

netfilter 是表的容器，表是链的容器，而链又是规则的容器。

2）iptables

这是 Linux 系统为用户提供的管理 netfilter 的一种工具，是编辑、修改防火墙（过滤）规则的编辑器。

通过这些规则及其他配置，告诉内核的 netfilter 对来自某些源、前往某些目的地或具有某些协议类型的数据包如何处理。

这些规则会保存在内核空间之中。

按表→链→规则的分层结构来组织规则，如图 11 -2 所示。

iptables 规则的分层结构：

（1）表（tables）——专表专用

①filter 表——包过滤。

它含 INPUT、FORWARD、OUTPUT 这 3 个链。

②nat 表——包地址修改：用于修改数据包的 IP 地址和端口号，即进行网络地址转换。

它含 PREROUTING、POSTROUTING、OUTPUT 这 3 个链。

③mangle 表——包重构：修改包的服务类型、生存周期以及为数据包设置 Mark 标记，以实现 QoS（服务质量）、策略路由和网络流量整形等特殊应用。

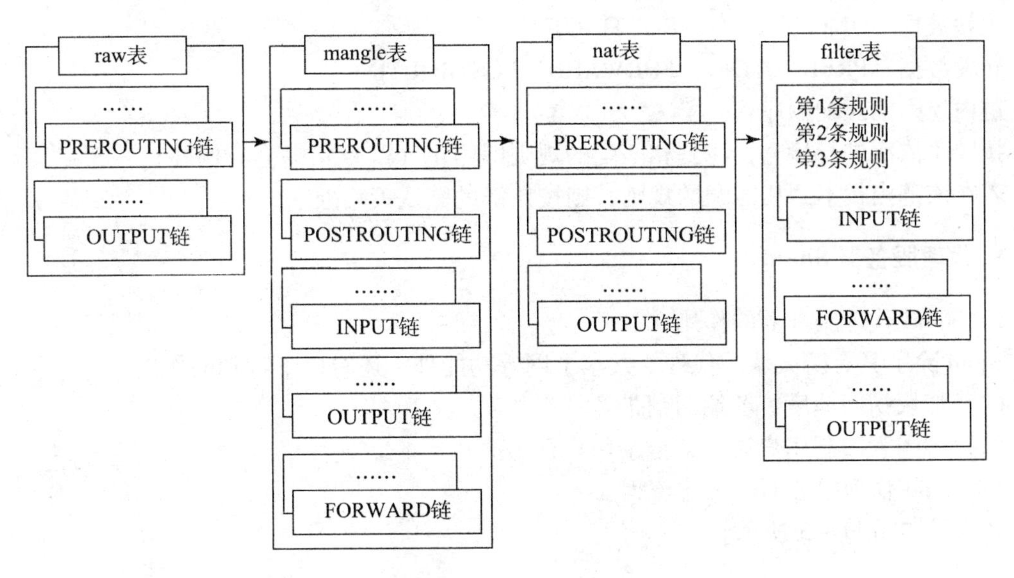

图 11－2　防火墙系统结构

它含 PREROUTING、POSTROUTING、INPUT、OUTPUT 和 FORWARD 这 5 个链。

④raw 表——数据跟踪：用于数据包是否被状态跟踪机制处理。

它包含 PREROUTING、OUTPUT 两个链。

（2）链（chains）——处理的数据包流向的不同。

①INPUT 链。当数据包源自外界并前往防火墙所在的本机（入站）时，即数据包的目的地址是本机时，则应用此链中的规则。

②OUTPUT 链。当数据包源自防火墙所在的主机并要向外发送（出站）时，即数据包的源地址是本机时，则应用此链中的规则。

③FORWARD 链。当数据包源自外部系统，并经过防火墙所在主机前往另一个外部系统（转发）时，则应用此链中的规则。

④PREROUTING 链。当数据包到达防火墙所在的主机在作路由选择之前，且其源地址要被修改（源地址转换）时，则应用此链中的规则。

⑤POSTROUTING 链。当数据包在路由选择之后即将离开防火墙所在主机，且其目的地址要被修改（目的地址转换）时，则应用此链中的规则。

（3）规则（rules）。

规则其实就是网管员预定义的过滤筛选数据包的条件。

规则一般的定义为“如果数据包头符合这样的条件，就这样处理这个数据包”。

当数据包与规则匹配时，iptables 就根据规则所定义的动作来处理这些数据包（如放行、丢弃和拒绝等）。

配置防火墙的主要工作就是添加、修改和删除这些规则。

数据包过滤匹配流程如下：

表间的优先顺序依次为 raw、mangle、nat、filter。

链间的匹配顺序如下：

入站数据：PREROUTING、INPUT。

出站数据：OUTPUT、POSTROUTING。

转发数据：PREROUTING、FORWARD、POSTROUTING。

链内规则的匹配顺序：

按顺序依次进行检查，找到相匹配的规则即停止（LOG 策略会有例外）。

若在该链内找不到相匹配的规则，则按该链的默认策略处理。

4. 代理服务器 Squid

1）Squid 代理服务器的作用

Squid 除了具有防火墙的代理、共享上网等功能外，还有以下特别的作用：

（1）加快访问速度，节约通信带宽。

（2）多因素限制用户访问，记录用户行为。

2）Squid 代理服务器的工作流程

其流程如图 11－3 所示。

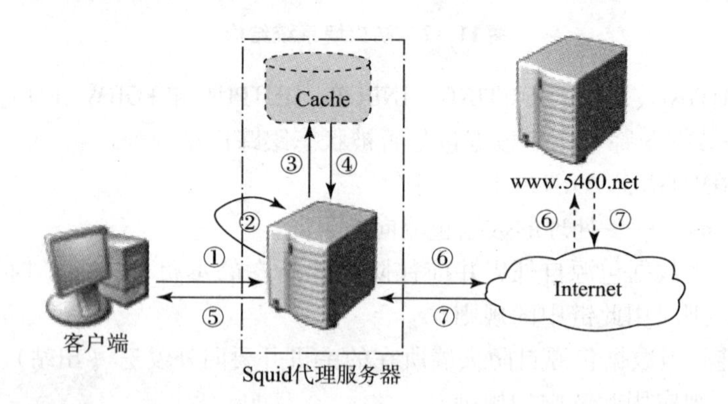

图 11－3　Squid 代理服务器的工作流程

3）Squid 代理服务器的分类及特点

Squid 代理服务器按照代理的设置方式，可以分为以下 3 种。

（1）普通（标准）代理服务器。

这种代理服务器需要在客户端的浏览器中设置代理服务器的地址和端口号。

（2）透明代理服务器。

透明代理是 NAT 和代理的完美结合，之所以称为透明，是因为在这种方式下用户感觉不到代理服务器的存在，不需要在浏览器或其他客户端工具（如网络快车、QQ、迅雷等）中做任何设置，客户机只需要将默认网关设置为代理服务器的 IP 地址便可。

（3）反向代理服务器。

普通代理和透明代理是为局域网用户访问 Internet 中的 Web 站点提供缓存代理，而反向代理恰恰相反，是为 Internet 中的用户访问企业局域网内的 Web 站点提供缓存加速。

任务 1　安装 iptables 主机防火墙

【任务描述】

网络建立初期，人们只考虑如何实现通信而忽略了网络的安全。而防火墙可以使企业内部局域网与 Internet 之间或者与其他外部网络互相隔离，限制网络互访来保护内部网络。

大量拥有内部地址的机器组成了企业内部网，那么如何连接内部网与 Internet 呢？代理服务器将是很好的选择，它能够解决内部网访问 Internet 的问题，并提供访问的优化和控制功能。

本任务设计在安装有企业版 Linux 网络操作系统的服务器上安装 iptables。

【任务分析】

部署 iptables 应满足下列需求：①安装好的企业版 Linux 网络操作系统，必须保证常用服务正常工作。客户端使用 Linux 或 Windows 网络操作系统。服务器和客户端能够通过网络进行通信。②或者利用虚拟机进行网络环境的设置。

【任务实施】

安装 iptables 软件包

（1）因为 netfilter/iptables 的 netfilter 组件是与内核集成在一起的，所以只需要安装 iptables 工具，默认情况下系统会安装该软件包，可通过下面命令检查是否已安装：

```
[root@ dyzx ~]#rpm  -qa |grep  iptables
iptables-ipv6-1.4.7-9.el6.i686
iptables-1.4.7-9.el6.i686
```

若输出了版本信息，则表明系统已安装。

若未安装，可在 RHEL 6.0 安装光盘中找到安装包 iptables-1.4.7-9.el6.i686.rpm 进行安装便可。

（2）iptables 服务运行管理。

①iptables 服务的启动、停止或重新启动：

```
service  iptables  start |stop |restart
```

②iptables 服务的自动启动：

```
#chkconfig  --level  345  iptables  on
#ntsysv
```

此命令打开文本图形界面，在 iptables 前面选中“ * ”，确定后即可实现开机自动加载 iptables 服务；否则取消“ * ”就不自动加载了。

防火墙配置管理的核心命令的基本格式为：

```
iptables  [-t 表名]  命令选项  [链名]  -[匹配条件]  [-j 目标动作/跳转]
```

其中：

表名、链名——用于指定所操作的表和链，若未指定表名，则 filter 作为默认表。

命令选项——指定管理规则的方式，常用的命令选项见表 11-1。

匹配条件——用于指定对符合什么样的条件的包进行处理，常用条件匹配见表 11-2。

目标动作/跳转——用来指定内核对数据包的处理方式，如允许通过、拒绝、丢弃或跳转给其他链进行处理等，常用目标动作/跳转见表 11-3。

表 11-1　iptables 命令的常用命令选项

命令选项	功能说明
-A 或 --append	在指定链的末尾添加一条新的规则
-D 或 --delete	删除指定链中的某一条规则，按规则序号或内容确定要删除的规则
-I 或 --insert	在指定链中插入一条新的规则，若未指定插入位置，则默认在链的开头
-L 或 --list	列出指定链中所有规则以供查看，若未指定链名，则列出表中所有链的内容。若要同时显示规则在链中的序号，再加 --line-number 选项；若要以数字形式显示输出结果，则再加 -n 选项
-n 或 --numeric	使用数字形式输出结果，如显示主机 IP 地址而不是主机名
--line-numbers	查看规则列表时，同时显示规则在链中的序号
-v 或 --verbose	查看规则列表时，显示数据包的个数、字节数等详细的信息
-R 或 --replace	替换指定链中的某一条规则，按规则序号或内容确定要替换的规则
-F 或 --flush	清空指定链中的所有规则；若未指定链名，则清空表中所有链的内容
-N 或 -new-chain	新建一个用户自定义的链（要保证没有同名的链存在）
-X 或 --delete-chain	删除指定表中的用户自定义链。该链必须没有被引用，如果被引用，在删除之前必须删除或者替换与之有关的规则。如果没有给出参数，这条命令将试着删除每个用户自定义的链
-P 或 --policy	设置指定链的默认策略
-h 或 --help	查看 iptables 命令的帮助信息

表 11-2　iptables 命令的常用条件匹配

条件匹配	功能说明
-i 或 --in-interface [!] <网络接口名>	指定数据包从哪个网络接口进入，如 ppp0、eth0、eth1，也可以使用通配符，如 eth+，表示所有以太网接口。“!”表示除去该接口之外的其他接口
-o 或 --out-interface [!] <网络接口名>	指定数据包从哪个网络接口输出
-p 或 --proto [!] <协议类型>	指定数据包匹配的协议，可以是/etc/protocols 中定义的协议，如 tcp、udp 和 icmp 等。

续表

条件匹配	功能说明
-s 或 -source [!] <源地址或子网>	指定数据包匹配的源 IP 地址或子网
-d 或 --destination [!] <目的地址或子网>	指定数据包匹配的目的 IP 地址子网
--sport [!] <源端口号> [: <源端口号>]	指定数据包匹配的源端口号或端口范围
--dport [!] <目的端口号> [: <目的端口号>]	指定数据包匹配的目的端口号或端口范围

表 11-3 iptables 命令的常用目标动作/跳转

目标动作/跳转	功能说明
ACCBPT	接收数据包
DROP	丢弃数据包，不给出任何回应信息
REJECT	丢弃数据包，并给数据发送端返回一个回应信息
REDIRECT	将数据包重定向到本机或另一台主机的某个端口，通常用于实现透明代理或向外网开放内网的某些服务
SNAT	源地址转换，即改变数据包的源 IP 地址
DNAT	目的地址转换，即改变数据包的目的 IP 地址
MASQUERADB	IP 伪装，即 NAT 技术，MASQUERADB 只能用于 ADSL 等拨号上网的 IP 伪装，也就是 IP 地址是由 ISP 动态分配的，如果是静态固定的，则使用 SNAT
LOG	将符合规则的数据包的相关信息记录在/var/log/messages 目录的日志文件中，方便管理员进行分析和查错，然后继续匹配下一条规则

（3）iptables 命令的基本使用。

①添加、插入规则：

```
#iptables -t filter -A INPUT -p tcp -j ACCEPT
#iptables -I INPUT -p udp -j ACCEPT
#iptables -I INPUT 2 -p icmp -j ACCEPT
```

②查看规则：

```
#iptables -t filter -L INPUT --line-numbers
Chain INPUT(policy ACCEPT)
num  target     prot opt source          destination
1    ACCEPTudp  --   anywhere          anywhere
2    ACCEPT     icmp --  anywhere         anywhere
3    ACCEPTtcp  --   anywhere          anywhere
#iptables -vnL INPUT
```

L 选项要放在 vn 后，否则会将 vn 当成链名。

③创建、删除用户自定义链：

```
#iptables  -t  filter  -N  hnwy
//在 filter 表中创建一条用户自定义的链,链名为 hnwy
#iptables  -t  filter  -X
//清空 filter 表中所有自定义的链
```

④删除、清空规则：

```
#iptables  -D  INPUT 3
#iptables  -F
#iptables  -t  nat  -F
```

⑤设置内置链的默认策略。

当数据包与链中所有规则都不匹配时，将根据链的默认策略来处理数据包。

默认允许的策略：首先默认允许接受所有的输入、输出、转发包，然后拒绝某些危险包。没有被拒绝的都被允许（灵活方便，但安全性不高）：

```
#iptables  -P  OUTPUT  ACCEPT
```

默认禁止的策略：通常采用默认禁止的策略。首先拒绝所有的输入、输出、转发包，然后根据需要逐个打开要开放的各项服务。没有明确允许的都被拒绝（安全性高，但不灵活）：

```
#iptables  -t  filter  -P  FORWARD  DROP
```

⑥匹配条件的设置。

匹配条件是识别不同数据包的依据，它详细描述了数据包的某种特征，以使这个包区别于其他所有的包。

iptables 的匹配条件有 3 类。

a. 通用匹配条件。不依赖于其他匹配条件和扩展模块，可直接使用，包括协议、地址和网络接口匹配。

```
iptables  -I  FORWARD  -s  10.10.1.0/24  -j ACCEPT
//允许内网 10.10.1.0/24 子网里所有的客户机上 Internet 网
iptables  -I  INPUT -p icmp -s  172.16.102.36  -j DROP
iptables  -I  INPUT  -i eth0  -p icmp  -j DROP
//禁止 Internet 上的计算机通过 ICMP 协议 ping 到本服务器的上连接公网的网络接口 eth0
```

b. 隐式条件匹配——以协议匹配为前提。

端口匹配——以协议匹配为前提，不能单独使用端口匹配。

```
#iptables -I FORWARD  -p tcp --dport  20:21 -j DROP
//禁止内网的 10.10.1.0/24 子网里所有的客户机使用 FTP 协议下载
```

TCP 标记匹配——用于检查数据包的 TCP 标记位（--tcp-flags），以便有选择地过滤不同类型的 TCP 数据包。

使用格式为“--tcp-flags 检查范围　被设置的标记”。

“检查范围”——用于指定要检查哪些标记（可识别的标记有 SYN、ACK、FIN、RST、

URG 及 PSH)。

“被设置的标记”——指定在“检查范围”中出现过且被设为 1（即状态是打开的）的标记：

#iptables -I INPUT -ptcp --tcp-flags ! SYN,FIN,ACK SYN -j DROP //禁止那些 FIN 和 ACK 标记被设置而 SYN 标记未设置的数据包

ICMP 类型匹配——以“-p icmp”协议匹配为前提，用于检查 ICMP 数据包的类型(--icmp-type)，以便有选择地过滤不同类型的 ICMP 数据包。

使用格式为“--icmp-type ICMP 类型”。

“ICMP 类型”——可为 Echo-Request、Echo-Reply、Destination-Unreachable，分别对应 ICMP 协议的请求、回显、目标不可达数据：

#iptables -A INPUT -p icmp --icmp-type Echo-Request -j DROP

#iptables -A INPUT -p icmp --icmp-type Echo-Reply -j ACCEPT

#iptables -A INPUT -p icmp --icmp-type Destination-Unreachable -j ACCEPT

禁止其他主机 ping 到本服务器，但允许从本服务器上 ping 其他主机（允许接收 ICMP 回应数据包）。

c. 显式条件匹配。

这种匹配的功能需要由额外的内核模块提供，因此需要在 iptables 命令中使用“-m 模块关键字”的形式调用相应功能的内核模块。

常见的显式条件匹配有：MAC 地址匹配；非连续的多端口匹配；多 IP 地址匹配；状态检测匹配。

#iptables -I FORWARD -m mac --mac-source 00-19-21-F1-83-C7 -j DROP //禁止转发来自 MAC 地址为 00-19-21-F1-83-C7 的主机的数据包

#iptables -I INPUT -p tcp -m multiport --dport 20,21,53 -j ACCEPT //允许开放本机的 20、21、53 等 TCP 端口

任务 2　配置 iptables 规则

【任务描述】

在 iptables 中，所有的内置链都会有一个默认策略。当通过 iptables 的数据包不符合链中的任何一条规则时，则按照默认策略来处理数据包。对防火墙手工进行的设置必须保存，下次启动时才会生效。

【任务分析】

要学会保存防火墙规则和恢复防火墙规则。

【任务实施】

1. 保存防火墙规则

使用 iptables 命令手工进行的设置在系统中是即时生效的，但如果不进行保存，将在系统下次启动时丢失。

（1）命令 1：service iptables save。

将当前正在运行的防火墙规则保存到/etc/sysconfig/iptables 文件中，文件原有的内容将被覆盖。

iptables 每次启动或重启时都使用/etc/sysconfig/iptables 文件中所提供的规则进行规则恢复。

在保存防火墙当前配置前应先将原有配置进行备份：

```
cp  /etc/sysconfig/iptables  iptables.raw
```

（2）命令 2：iptables – save。

将配置信息显示到标准输出（屏幕）中。

（3）命令 3：iptables – save > 路径/文件名。

将显示到标准输出（屏幕）中的当前正在运行的防火墙规则配置信息，重定向保存到指定目录的指定文件中。

service iptables save 命令等效于 iptables – save > /etc/sysconfig/iptables 命令；使用 iptables – save 命令可以将多个版本的配置保存到不同的文件中。

```
# iptables - save > /etc/sysconfig/ipt.v1.0
#service  iptables  save  //将当前运行的防火墙规则先后保存到用户指定的配置文件和系统默认的配置文件
```

2. 恢复防火墙规则

命令：iptables – restore < 路径/文件名

功能：将使用 iptables – save 保存的规则文件中的规则恢复到当前系统中。

iptables – restore 命令可恢复不同版本的防火墙配置文件：

```
# iptables - save > /etc/sysconfig/iptables
#service  iptables  restore
```

任务 3　配置 NAT

【任务描述】

为了解决使用私网地址的局域网用户访问互联网的问题，从而诞生了网络地址转换（Network Address Translation，NAT）技术。NAT 是一种用另一个地址来替换 IP 数据包头部中的源地址或目的地址的技术。通过网络地址转换操作，局域网用户就能透明地访问互联网，通过配置静态地址转换，位于互联网中的主机还能实现对局域网内特定主机的访问。

【任务分析】

目前几乎所有防火墙的软、硬件产品都集成了 NAT 功能，iptables 也不例外，本任务就来学习使用 iptables 实现 NAT 服务。根据 NAT 替换数据包头部中地址的不同，NAT 分为源地址转换 SNAT（IP 伪装）和目的地址转换 DNAT 两大类。

【任务实施】

1. 用 SNAT 实现使用私网 IP 的多台主机共享上网

为落实上述 SNAT 技术的结果，要在 NAT 服务器上完成以下两个操作。

（1）开启 Linux 内核 IP 报文转发功能。

允许 NAT 服务器上的 eth0 和 eth1 两块网卡之间能相互转发数据包，其开启方法有以下几个。

方法 1：编辑/etc/sysctl. conf 配置文件。

将“net. ipv4. ip_forward = 0”配置项修改为：

```
net.ipv4.ip_forward =1
#sysctl  -p  /etc/sysctl.conf
```

方法 2：执行命令：

```
#echo 1 > /proc/sys/net/ipv4/ip_forward
#sysctl  -p  /etc/sysctl.conf
```

使 sysctl. conf 的修改立即生效。

（2）添加使用 SNAT 策略的防火墙规则。

当 NAT 服务器的外网接口配置的是固定的公网 IP 地址时：

```
#iptables  -t  nat  -A  POSTROUTING  -s  10.10.1.0/24  -o  eth0
-j  SNAT  --to-source  172.16.102.60+X
```

当 NAT 服务器通过 ADSL 拨号方式连接 Internet，即外网接口获取的是动态公网 IP 地址时：

```
#iptables  -t  nat  -A  POSTROUTING  -s  10.10.1.0/24  -o  ppp0
-j  MASQUERADE
```

在网关中使用 DNAT 策略发布内网服务器，如图 11-4 所示。

2. 使用 DNAT 实现向公网发布私网的应用服务器

（1）确认已开启网关的路由转发功能（方法同上）。

（2）添加使用 DNAT 策略的防火墙规则。若发布的是 Web 服务器，其命令如下：

```
# iptables  -t  nat  -A  PREROUTING  -p  tcp  -i  eth0  -d
172.16.102.60+X  --dport 80  -j  DNAT  --to-destination 10.10.1.X
```

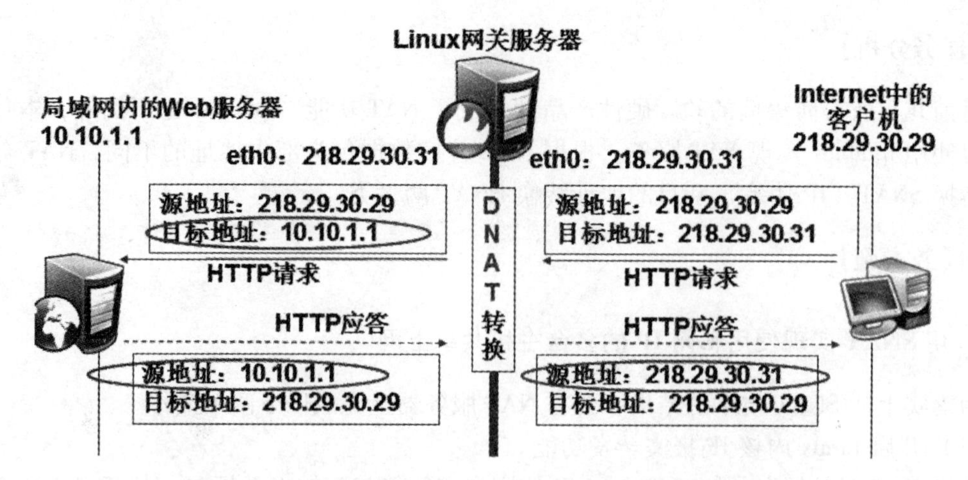

图 11－4　在网关中使用 DNAT 策略发布内网服务器结构

任务 4　安装、启动与停止 Squid 服务

【任务描述】

Squid 是一种高性能的代理缓存服务器，可以代理 HTTP、FTP、GOPHER、SSL 和 WAIS 等协议，提高用户下载页面的速度，并设置过滤。Squid 可以在很多的操作系统中工作，如 AIX、Digital、UNIX、FreeBSD、HP－UX、Irix、Linux、NetBSD、Nextstep、SCO、Solaris、OS/2 等。

【任务分析】

本任务主要介绍安装、启动和停止 Squid 服务器。

【任务实施】

Squid 服务器的安装

（1）检查是否安装了 Squid 服务器：

```
rpm  -qa |grep  squid
```

（2）安装 squid 软件包：

```
[root@ dyzx ~]#mount  /dev/cdrom  /mnt
[root@dyzx ~]#rpm  -ivh  /mnt/Packages/squid-3.1.10-16.el6. i686.rpm
```

（3）启动、停止 squid 服务器：

```
[root@ dyzx ~]#service  squid  start  //启动 squid 服务
[root@ dyzx ~]#service  squid  stop  //停止 squid 服务
[root@ dyzx ~]#service  squid  restart  //重新启动 Squid 服务
```

（4）认识 Squid 配置参数与初始化。

①设置监听的端口和 IP 地址：

```
http_port 3128
```

②设置内存缓冲大小：

```
cache_mem  512MB
```

③设置保存到缓存的最大文件的大小：

```
maximum_object_size  4096KB
```

④设置用户下载的最大文件的大小：

```
reply_body_max_size  10240000  allow all
```

⑤设置硬盘缓存的大小：

```
cache_dir  ufs  /var/spool/squid 4096 16 256
```

⑥设置 DNS 服务器的地址：

```
dns_nameservers  61.144.56.101
```

⑦设置运行 Squid 主机的名称：

```
visible_hostname  10.10.1.254
```

⑧设置访问控制：

```
acl  列表名称  列表类型  [ -i]  列表值1  列表值2……
```

⑨设置日志文件。

a. 用户访问因特网的日志——cache_access_log /var/log/squid/access. log。

access. log 文件中包含了对 Squid 发起的每个终端客户请求，每个请求有一行记录。假如因为某些原因，不想让 Squid 记录终端客户请求日志，则可以设定日志文件的路径为/dev/null，或用 cache_access_log none 语句取消。

b. 缓存日志文件——cache_log /var/log/squid/cache. log。

cache. log 包含了状态性的和调试性的消息。

c. 缓存中网站传输情况的日志文件——cache_store_log/var/log/squid/store. log。

store. log 文件包含了进入和离开缓存的每个目标的记录，平均记录大小典型的为 175 ~ 200 B。

Squid 最重要的日志文件是/var/log/squid/access. log，该日志文件记录了客户使用代理服务器的许多有用信息，共包含 10 个字段，每个字段的含义如表 11 -4 所示。

表 11 -4　Squid 日志文件字段含义

字段	描述
time	记录客户访问代理服务器的时间，从 1970 年 1 月 1 日到访问时所经历的秒数，精确到毫秒
eclapsed	记录处理缓存所花费的时间，以毫秒计数
remotehost	记录访问客户端的 IP 地址或者域名
code/status	结果信息编码/状态信息编码，如 TCP_MISS/205
bytes	缓存字节数
method	HTTP 请求方法：GET 或者 POST

续表

字段	描述
URL	访问的目的地址的 URL，如 www. sina. com. cn
rfc931	默认的，暂未使用
peerstatus/peerhost	缓存级别/目的 IP 地址，如 DIRECT/211. 163. 21. 19
type	缓存对象类型，如 text/html

⑩初始化 Squid 缓存目录。

成功安装并配置好 Squid 服务器后，为了能够使 Squid 在硬盘中缓存用户访问目标服务器的内容，在初次运行 Squid 之前，或者修改了 cache_dir 设置后，都必须对 Squid 初始化。初始化的实质就是按配置项 cache_dir ufs /var/spool/squid 4096 16 256 的要求，在指定目录下自动建立指定数量的一级和二级子目录。

Squid 初始化的命令格式为：squid －zX

其中：－X 选项的作用是网管员可观察到初始化的过程。

初始化完成后，可以看到在/var/spool/squid/目录下建立了相应的两级子目录。

任务5　配置 Squid 服务器

【任务描述】

现在需要代理服务器配置两块网卡，内网卡 eth0（10. 10. 1. 254/24）、能访问公网的外网卡 eth1（210. 42. 198. 207/24），代理服务器内存 2 GB，SCSI 硬盘容量 200 GB，设置 10 GB 空间为硬盘缓存，要求内网网段（10. 10. 1. 0/24）中所有客户端都可以上网。

【任务分析】

本任务先要根据网络结构（见图 11－5）配置各主机的网络参数，修改主配置文件，初始化 Squid 缓存目录，并启动 Squid 服务，设置内网中客户机网卡及 IE 代理，测试内网中的客户机访问公网中的 Web 服务器。

【任务实施】

配置 Squid 服务器

（1）按照如图 11－5 所示要求配置各主机的网络参数，其中内网中的 Web 服务器及测试客户机的网关应设为代理服务器的内网卡 eth1 的 IP 地址 10. 10. 1. 254。

（2）在作为代理服务器的主机上安装 Squid 软件包。默认 Squid 未安装，安装 RHEL 6. 4 自带的 Squid 便可。

（3）修改主配置文件/etc/squid/squid. conf：

```
[root@ proxy ~]#vim  /etc/squid/squid.conf
```

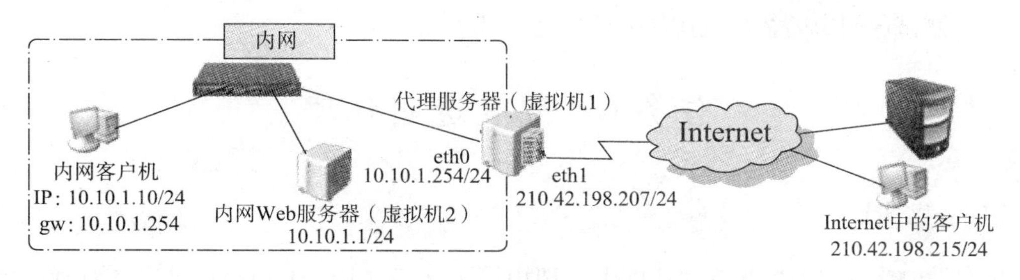

图 11-5 网络结构

```
//在文件尾添加以下各配置行
http_port 10.10.1.254:8080        //在内网卡的 8080 端口监听来自内网客户机的 http 请求
cache_mem  256  MB                 //设置内存缓存为 512MB
cache_dir ufs /var/spool/squid 10240 16 256   //设置 10GB 硬盘缓存大小及目录
visible_hostname 10.10.1.254   //设置 Squid 可见的主机名
dns_nameservers 222.246.129.80  58.20.127.170    //设置 DNS 服务器的 IP 地址
```

（4）初始化 Squid 缓存目录并启动 Squid 服务，为方便测试可停止代理服务器防火墙的功能：

```
[root@ proxy ~]#squid  -z
[root@ proxy ~]#service  squid  start
[root@ proxy ~]#chkconfig  squid  on  //开启 2、3、4、5 运行级别下的自动启动
[root@ proxy ~]#service  iptables  stop
```

（5）设置内网中客户机网卡及 IE 代理，如图 11-6 所示。

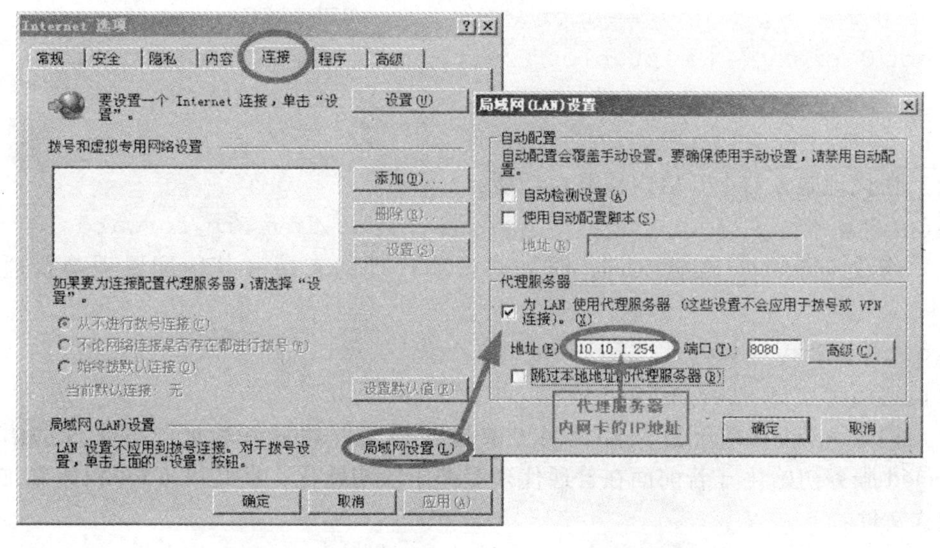

图 11-6 内网中客户机网卡及 IE 代理设置

（6）测试内网中的客户机访问公网中的 Web 服务器。

任务6　配置透明代理

【任务描述】

现在需要代理服务器配置两块网卡，即内网卡 eth0（10.10.1.254/24）、能访问公网的外网卡 eth1（210.42.198.207/24），代理服务器内存 2 GB，SCSI 硬盘容量 200 GB，设置 10 GB 空间为硬盘缓存，要求内网网段（10.10.1.0/24）中所有客户端都可以上网。

【任务分析】

本任务先要根据网络结构图配置各主机的网络参数，修改主配置文件，初始化 Squid 缓存目录并启动 Squid 服务，设置内网中客户机网卡及 IE 代理，测试内网中的客户机访问公网中的 Web 服务器。

【任务实施】

配置透明代理

（1）清空 filter 表和 nat 表中的配置策略；添加 iptables 的重定向规则，使得内网用户访问外网的 Web 服务器的 80 端口转换为代理服务器设置的端口 8080；设置 Linux 作为网关服务器，使得内网所有 IP 地址如果访问外网都映射为代理服务区的外网卡的 IP 地址与外网联络：

```
[root@ proxy ~]#iptables  -F
[root@ proxy ~]#iptables  -t  nat  -F
[root@ proxy ~]#iptables  -t  nat  -A  PREROUTING  -i  eth0  -s 10.10.1.0/24  -p  tcp  --dport  80  -j  REDIRECT  -to-ports  8080
[root@ proxy ~]#iptables  -t  nat  -A  POSTROUTING  -s 10.10.1.0/24  -j  SNAT  --to-source  210.42.198.207
[root@ proxy ~]#service  iptables  save  //保存 iptables 设置
```

（2）在代理服务器上开启内核路由功能：

```
[root@ proxy ~]#echo  "1" >/proc/sys/net/ipv4/ip_forward
```

（3）修改 squid.conf 配置文件，添加对透明代理的支持（其他配置项与普通代理相同）：

```
[root@ proxy ~]#vim  /etc/squid/squid.conf
http_port  10.10.1.254:8080  transparent
```

（4）检查 squid.conf 配置文件（当更改过配置文件后最好验证配置文件的语法正确性）；Squid 服务初始化（若前面在普通代理服务中已初始化，在此可省略）；重新加载修改后的配置文件：

```
[root@ proxy ~]#squid  -k  parse
```

```
[root@ proxy ~]#squid  -zX
[root@ proxy ~]#squid  -k  reconfigure
```

（5）测试。客户端只要设置 IP 地址、子网掩码、默认网关（设置成 Squid 的内部网卡的 IP）及 DNS 的 IP 地址就可以直接上网了（浏览器中不要设置代理）。

实训 1　iptables 服务器配置

1. 实训目的

掌握 iptables 服务器配置的方法。

2. 实训内容

练习利用 iptables 服务器配置防火墙并进行相应设置。

3. 实训练习

公司有 200 台客户机，IP 地址范围为 192. 168. 1. 1 ~ 192. 168. 1. 254。

掩码为 255. 255. 255. 0。

Mail 服务器：IP 地址为 192. 168. 1. 254，掩码为 255. 255. 255. 0。

FTP 服务器：IP 地址为 192. 168. 1. 253，掩码为 255. 255. 255. 0。

Web 服务器：IP 地址为 192. 168. 1. 252，掩码为 255. 255. 255. 0。

公司网络拓扑如图 11 -7 所示。

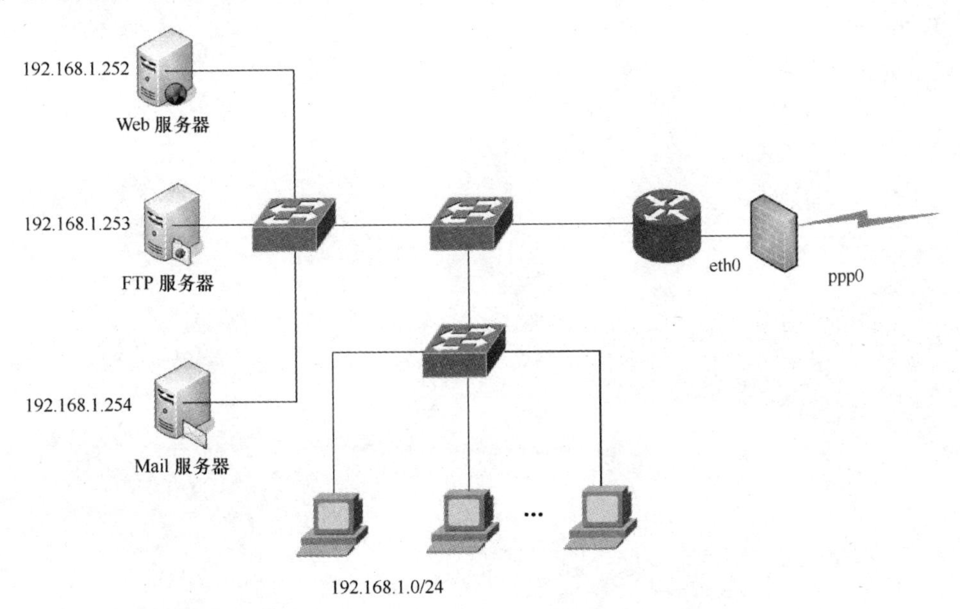

图 11 -7　公司网络拓扑

4. 实训分析

企业内网计算机需要经常访问 Internet，其中 Mail 和 FTP 服务器对内部员工开放，仅需发布 Web 站点。企业的内部网络为了保证安全性，需要首先删除所有规则设置，并将默认规则设置为 DROP，然后开启防火墙对于客户机的访问限制，打开 Web、MSN、QQ 及 Mail 的相应端口，并允许外部客户端登录 Web 服务器的 80、22 端口。

5. 实训报告

按要求完成实训报告。

实训 2　Squid 服务器配置

1. 实训目的

掌握 Squid 服务器配置的方法。

2. 实训内容

练习利用 Squid 服务配置代理服务器。

3. 实训练习

公司内部网络采用 192. 168. 9. 0/24 网段的 IP 地址，所有的客户端通过代理服务器接入互联网。代理服务器 eth0 接内网，IP 地址为 192. 168. 9. 188；eth1 接外网，IP 地址为 212. 212. 12. 12。代理服务器仅配置代理服务，内存 2 GB，硬盘为 SCSI 硬盘，容量 200 GB，设置 10 GB 空间为硬盘缓存，要求所有客户端都可以上网。

4. 实训分析

这是一个典型的 Squid 服务配置，首先要做的是配置好 Squid 服务器上的两块网卡，并开启路由功能；其次对主配置文件 squid. conf 进行修改，设置内存、硬盘缓存、日志以及访问控制列表等字段；最后重启 Squid 服务器。

5. 实训报告

按要求完成实训报告。

项目 12

架设 VPN 服务器

【学习目标】

知识目标：

- 了解 VPN（Virtual Private Network，虚拟专用网络）的概念和工作原理。
- 掌握 VPN 服务器的启动与停止方法。
- 掌握 VPN 服务器配置文件的修改方法。
- 掌握 VPN 服务器的配置方法。
- 掌握 VPN 客户端的配置方法。

能力目标：

- 会安装 VPN 服务器。
- 会对 VPN 服务器进行配置。
- 会对 VPN 客户端进行配置。

【项目描述】

某公司组建了内网，并且已经架设了 Web、FTP、DNS、DHCP、Mail 等功能的服务器来为内网用户提供服务，为了安全起见，公司要求只要能够访问互联网，不论是在家中还是出差在外，都可以轻松访问未对外开放的公司内网内部资源（文件和打印共享、Web 服务、FTP 服务、OA 系统等）。要解决这个问题则需要开通内网远程访问功能，即在 Linux 服务器上安装与配置 VPN 服务器。

【任务分解】

学习本项目需要完成 3 个任务：任务 1，安装 VPN 服务器；任务 2，配置 VPN 服务器；任务 3，配置 VPN 客户端。

【问题引导】

- 什么是 VPN？
- 如何架设 VPN 服务器？
- 如何管理 VPN 服务器？

【知识学习】

VPN 是专用网络的延伸，它模拟点对点专用连接的方式，通过 Internet 或 Intranet 在两台计算机之间传送数据，是“线路中的线路”，具有良好的保密性和抗干扰能力。虚拟专用网提供了通过公用网络安全地对企业内部专用网络远程访问的连接方式。虚拟专用网是对企业内部网的扩展，虚拟专用网可以帮助远程用户、公司分支机构、商业伙伴及供应商同公司的内部网建立可靠的安全连接，并保证数据安全传输。

虚拟专用网是使用 Internet 或其他公共网络来连接分散在各个不同地理位置的本地网络，在效果上和真正的专用网一样。如图 12－1 所示为如何通过隧道技术实现 VPN。

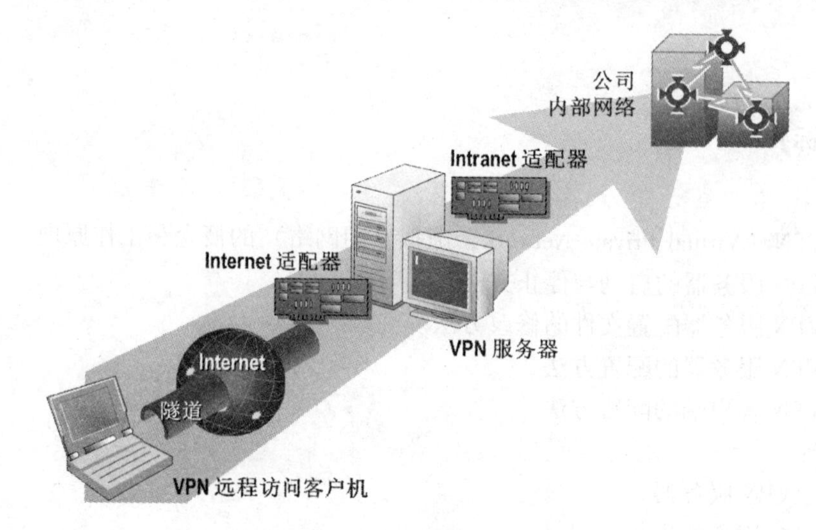

图 12－1　VPN 的工作原理

VPN 具有以下特点：

（1）费用低廉。

（2）安全性高。

（3）支持最常用的网络协议。

（4）有利于 IP 地址安全。

（5）管理方便、灵活。

（6）完全控制主动权。

一般来说，VPN 使用在以下两种场合：

（1）远程客户端通过 VPN 连接到局域网。

（2）两个局域网通过 VPN 互联。

除了使用软件方式实现外，VPN 的实现需要建立在交换机、路由器等硬件设备上。目前，在 VPN 技术和产品方面，最具有代表性的当数 Cisco 和华为 3Com。

VPN 服务用到的隧道协议主要有第 2 层和第 3 层协议。第 2 层隧道协议使用帧作为数据交换单位。PPTP、L2TP 都属于第 2 层隧道协议，它们都是将数据封装在点对点协议（PPP）帧中通过互联网发送的。第 3 层隧道协议使用包作为数据交换单位。IPoverIP 和 IPSec 隧道模式都属于第 3 层隧道协议，它们都是将 IP 包封装在附加的 IP 包头中通过 IP 网络传送。

VPN 协议有以下几个：

• PPTP 协议。PPTP（Point－to－Point Tunneling Protocol，点对点隧道协议）是 PPP（点对点）协议的扩展，并协调使用 PPP 的身份验证、压缩和加密机制。它允许对 IP、IPX

或 NETBEUI 数据流进行加密，然后封装在 IP 包头中通过如 Internet 这样的公共网络发送，从而实现多功能通信。

- L2TP 协议。L2TP（Layer Two Tunneling Protocol，第二层隧道协议）是基于 RFC 的隧道协议，该协议依赖于加密服务的 Internet 安全性（IPSec）。它允许客户通过其间的网络建立隧道，L2TP 还支持信道认证，但它没有规定信道保护的方法。
- IPSec 协议。IPSec 是由 IETF 定义的一套在网络层提供 IP 安全性的协议，主要用于确保网络层之间的安全通信。它使用 IPSec 协议集保护 IP 网和非 IP 网上的 L2TP 业务。在 IPSec 协议中，一旦 IPSec 通道建立，在通信双方网络层之上的所有协议（如 TCP、UDP、SNMP、HTTP、POP 等）就要经过加密，而不管这些通道构建时所采用的安全和加密方法如何。

任务 1　安装 VPN 服务器

【任务描述】

要开通公司内网远程访问功能，就必须先安装 VPN 服务，本任务主要介绍安装 VPN 服务器。

【任务分析】

在进行 VPN 网络构建之前，有必要进行 VPN 网络拓扑规划，如图 12－2 所示。

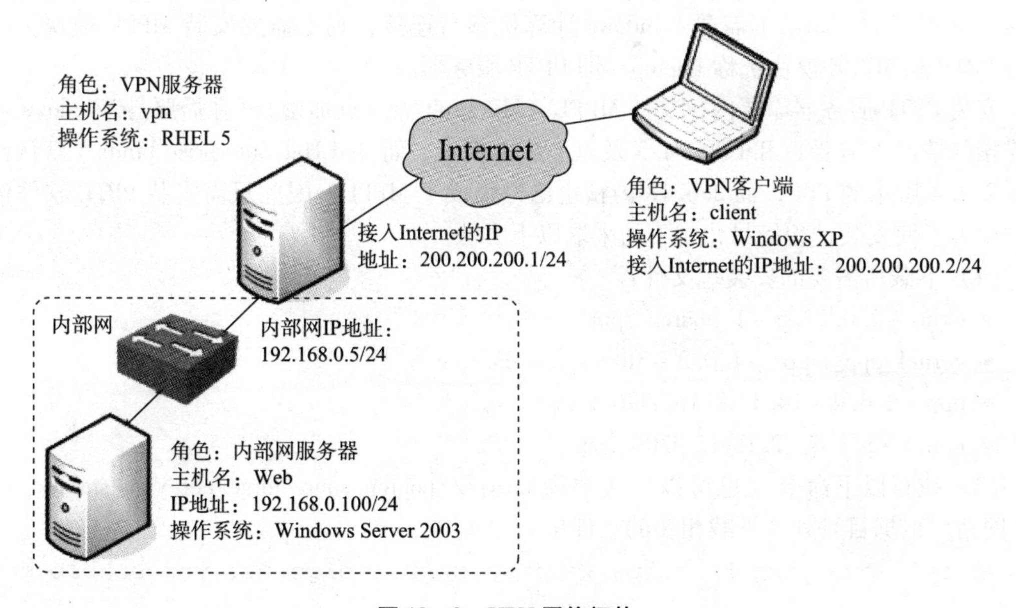

图 12－2　VPN 网络拓扑

（1）PPTP 服务、Mail 服务、Web 服务和 iptables 防火墙服务均部署在一台安装有 Red Hat Enterprise Linux 5 操作系统的服务器上，服务器名为 vpn，该服务器通过路由器接入互联网。

（2）VPN 服务器至少要有两个网络连接，分别为 eth0 和 eth1。其中 eth0 连接到内部局域网 192. 168. 0. 0 网段，IP 地址为 192. 168. 0. 5；eth1 连接到公用网络 200. 200. 200. 0 网段，IP 地址为 200. 200. 200. 1。

（3）内部网客户主机 Web 中，为了试验方便，设置一个共享目录 share。在其下随便建立几个文件，供测试用。

（4）VPN 客户端 client 的配置信息如图 12 - 2 所示。

（5）合理规划分配给 VPN 客户端的 IP 地址。VPN 客户端在请求 VPN 连接时，VPN 服务器需要为其分配内部网络的 IP 地址。配置的 IP 地址也必须是内部网络中不使用的 IP 地址，地址的数量根据同时建立 VPN 连接的客户端数量来确定，在本任务中部署远程访问 VPN 时，使用静态的 IP 地址为远程访问客户端分配 IP 地址，地址范围采用 192. 168. 0. 11 ~ 192. 168. 0. 20、192. 168. 0. 101 ~ 192. 168. 0. 180。

（6）客户端在请求 VPN 连接时，服务器要对其进行身份验证，因此应合理规划需要建立 VPN 连接的用户账户。

【任务实施】

安装 VPN 服务器

Linux 环境下的 VPN 由 VPN 服务器模块（Point - to - Point Tunneling Protocol Deamon，PPTPD）和 VPN 客户端模块共同构成，PPTPD 和 PPTP 都是通过 PPP（Point to Point Protocol）来实现 VPN 功能的，而 MPPE（Microsoft 点对点加密）模块是用来支持 Linux 与 Windows 之间连接的。如果不需要 Windows 计算机参与连接，则不需要安装 MPPE 模块，PPTPD、PPTP 和 MPPE 模块统称 Poptop，即 PPTP 服务器。

安装 PPTP 服务器需要内核支持 MPPE（Microsoft 点对点加密）（在需要与 Windows 客户端连接的情况下需要）和 PPP2. 4. 3 及以上版本模块，而 Red Hat Enterprise Linux 5 默认已安装了 2. 4. 4 版本的 PPP，而 2. 6. 18 内核也已经集成了 MPPE，因此只需安装 PPTP 软件包即可，但为了使安装过程简易化，不妨采取以下方法。

（1）下载所需要的安装包文件：

- dkms - 2. 0. 17. 5 - 1. noarch. rpm
- kernel_ppp_mppe - 1. 0. 2 - 3dkms. noarch. rpm
- ppp - 2. 4. 4 - 14. 1. rhel5. i386. rpm
- pptpd - 1. 3. 4 - 2. rhel5. i386. rpm

（2）执行以下命令（也可以直接登录 http://poptop. sourceforge. net/yum/stable/packages/网站，根据目录列表下载相关的软件包）：

```
[root@ vpn ~]#wget  http://poptop.sourceforge.net/yum/stable/packages/
dkms -2.0.17.5 -1.noarch.rpm
[root@ vpn ~]#wget  http://poptop.sourceforge.net/yum/stable/packages/
kernel_ppp_mppe -1.0.2 -3dkms.noarch.rpm
```

[root@ vpn ~]#wget http://poptop.sourceforge.net/yum/stable/packages/

ppp-2.4.4-14.1.rhel5.i386.rpm

[root@ vpn ~]#wget http://poptop.sourceforge.net/yum/stable/packages/

pptpd-1.3.4-2.rhel5.i386.rpm

（3）依次安装已下载的安装包文件，其执行如图 12-3 所示。

```
[root@vpn ~]# rpm -ivh dkms-2.0.17.5-1.noarch.rpm
[root@vpn ~]# rpm -ivh kernel_ppp_mppe-1.0.2-3dkms.noarch.rpm
[root@vpn ~]# rpm -ivh ppp-2.4.4-14.1.rhel5.i386.rpm
[root@vpn ~]# rpm -ivh pptpd-1.3.4-2.rhel5.i386.rpm
```

图 12-3　安装 VPN 软件包

（4）当安装 kemel_ppp_mppe-1.0.2-3dkms.norch.rpm 时提示需要先安装 gcc。为解决软件依赖性问题，可依次安装如图 12-4 所示软件包。

```
[root@vpn ~]# rpm -ivh kernel_headers-2.6.18-155.i386.rpm
[root@vpn ~]# rpm -ivh glibc-headers-2.5-38.i386.rpm
[root@vpn ~]# rpm -ivh glibc-devel-2.5-38.i386.rpm
[root@vpn ~]# rpm -ivh libgomp-4.4.0-6.el5.i386.rpm
[root@vpn ~]# rpm -ivh gcc-4.1.2-46.el5.i386.rpm
```

图 12-4　安装软件包

（5）安装完成之后可以使用下面的命令查看系统的 PPP 是否支持 MPPE 加密，如图 12-5 所示。

```
[root@vpn ~]# strings '/usr/sbin/pppd'|grep -i mppe|wc --lines
42
```

图 12-5　查看系统的 PPP 是否支持 MPPE 加密

如果以上命令输入为“0”则表示不注册；输入为“30”或更大的数字表示支持。

任务 2　配置 VPN 服务器

【任务描述】

安装好 VPN 服务器后就要开始按照如图 12-2 所示的 VPN 网络拓扑图对其进行相应配置。

【任务分析】

本任务根据对如图 12-2 所示的 VPN 网络拓扑图中的要求进行相应配置。

【任务实施】

配置 VPN 服务器

配置 VPN 服务器，需要修改 etc \ pptpd. conf、\ etc \ ppp \ chap - secrets 和 \ etc \ ppp \ options. pptpd 这 3 个文件。\ erc \ pptpd. conf 文件是 VPN 服务器主配置文件，在该文件中需要设置 VPN 服务器的本地地址和分配给顾客段的地段。

etc \ ppp \ chap - secrets 是 VPN 用户账号文件，该账号文件保存 VPN 客户端拨入时所需要的验证方式和其他的一些参数设置。

每次修改完配置文件后，必须要重新启动 PPTP 服务才能使用配置生效。

（1）网络环境配置。

为了能够正常监听 VPN 客户端的连接请求，VPN 服务器需要配置两个网络接口。一个和内网连接，另一个和外网连接。在此为 VPN 服务器配置了 eth0 和 eth1 两个网络接口。其中 eth0 接口用于连接内网，IP 地址为 192. 168. 0. 5；eth1 接口用于连接外网，IP 地址为 200. 200. 200. 1。

（2）修改主配置文件。

PPTP 服务的主配置文件/etc/pptpd. conf 有以下两项参数的设置工作非常重要，只有在正确合理地设置这两项参数的前提下，VPN 服务器才能够正常启动。

根据前述的试验网络拓扑图环境，需要在配置文件的最后加入以下两行语句：

localip 192.168.1.00 //在建立 VPN 连接后,分配给 VPN 服务器的 IP 地址,即 ppp0 的 IP 地址

remoteip 192.168.0.11 ~20.192.168.0.101 -180 //在建立 VPN 连接后,分配给客户端的可用 IP 地址池

参数说明如下：

①localip：设置 VPN 服务器本地的地址。

localip 参数定义了 VPN 服务器本地的地址，客户机在拨号后 VPN 服务器会自动建立一个 ppp0 网络接口供访问客户机使用，这里定义的就是 ppp0 的 IP 地址。

②remoteip：设置分配给 VPN 客户机的地址段。

remoteip 定义了分配给 VPN 客户机地址段，当 VPN 客户机拨号到 VPN 服务器后，服务器从这个地址中分配一个 IP 地址给 VPN 客户机，以便 VPN 客户机能够访问内部网络，可以使用“ - ”符号指示连接的地址，使用“,”符号表示分隔不连续的地址。

（3）配置账号文件。

账户文件/etc/ppp/chap - secrets 保存了 VPN 客户机拨入时所使用的账户名、口令和分配的 IP 地址，该文件中每个账户的信息为独立的一行，格式如下：

账户名 服务 口令 分配给该账户的 IP 地址

配置账号如图 12 - 6 所示。

分配给 long 账户的 IP 地址参数值为“ * ”，表示 VPN 客户机的 IP 地址由 PPTP 服务随机在地址段中选择，这种配置适合多人共同使用的公共账户。

（4）/etc/ppp/options - pptpd 文件各项参数及具体含义如图 12 - 7 所示。

```
[root@vpn ~]# cat /etc/ppp/chap-secrets
//下面一行的IP地址部分表示以smile用户连接成功后，获得的IP地址为192.168.0.159
"smile"          pptpd          "123456"          "192.168.0.159"
//下面一行的IP地址部分表示以public用户连接成功后，获得的IP地址可从IP地址池中随机抽取
"public"         pptpd          "123456"          "*"
```

图 12－6　配置账号

```
[root@vpn ~]# grep -v "^#" /etc/ppp/options.pptpd |grep –v "^$"    //录像中有说明
name pptpd   //相当于身份验证时的域，一定要和/etc/ppp/chap-secrets中的内容对应
refuse-pap                 //拒绝pap身份验证
refuse-chap                       //拒绝chap身份验证
refuse-mschap                     //拒绝mschap身份验证
require-mschap-v2          //采用mschap-v2身份验证方式
require-mppe-128           //在采用mschap-v2身份验证方式时要使用MPPE进行加密
ms-dns 192.168.0.9         //给客户端分配DNS服务器地址
ms-wins 192.168.0.202 //给客户端分配WINS服务器地址
proxyarp                   //启动ARP代理
```

图 12－7　options－pptpd 文件各项参数

可以根据自己网络的具体环境设置该文件。至此，安装并配置的 VPN 服务器已经可以连接了。

（5）设置 NAT 并打开 Linux 内核路由器功能。

对于前述的试验网络拓扑图环境，当完成了连接工作以后，还需要设置 NAT 和 IP 转发；否则用户即便是连上了 VPN 服务器，也不能访问外网的资源。

具体的配置工作步骤如下：

①设置 NAT，执行如图 12－8 所示的命令实现。

```
[root@vpn ~]# iptables -t nat -F
[root@vpn ~]# iptables -t nat -A POSTROUTING -s 192.168.0.0/24
        -j SNAT --to 192.168.1.100
```

图 12－8　设置 NAT

其中 192. . 168. 0. 0 就是分配给客户用的 VPN 内网 IP 地址段，即配置文件/etc/pptpd, conf 中的 remoteip 参数的值，而 192. 168. 1. 100 就是 VPN 服务器本地的 IP 地址，即配置文件/etc/pptpd. conf 中的 localip 参数值。

②打开 Linux 内核路由器功能，执行如图 12－9 所示的命令实现。

为了能让 VPN 客户端与内网互联，还应打开 Linux 系统的路由器转发功能；否则 VPN 客户端只能访问 VPN 服务器的内部网卡 eth0，执行如图 12－9 所示的命令可以打开 Linux 路由转发功能。

```
[root@vpn ~]# echo "1">/proc/sys/net/ipv4/ip_forward
```

图 12－9　打开路由转发功能

也可以将 \ ercsysctl. conf 文件中 net. ipv4. ip_forward 的值设置为 1，启动路由转发功能。

（6）启动 VPN 服务。

①可以使用下面的命令启动 VPN 服务：

```
[root@ vpn ~]#service  pptpd  start
```

②可以使用下面的命令停止 VPN 服务：

```
[root@ vpn ~]#service  pptpd  stop
```

③可以使用下面的命令重新启动 VPN 服务：

```
[root@ vpn ~]#service  pptpd  restart
```

④自动启动 VPN 服务。

需要注意的是，上面介绍的启动 VPN 服务的方法只能运行到计算机关机之前，下一次系统重新启动后就又需要重新启动它了。能不能让它随系统启动而自动运行呢？答案是肯定的，而且操作起来还很简单。

在桌面上右击，在弹出的快捷菜单中选择“打开终端”命令，在打开的“终端”对话框中输入 ntsysv，就打开了 Red Hat Enterprise Linux 5 下的“服务”配置小程序，找到 pptpd 服务，并在它前面按空格键加个“ * ”号。这样，VPN 服务就会随系统启动而自动运行了。

（7）设置 VPN 服务器可以穿透 Linux 防火墙。

VPN 服务器使用 TCP 的 1723 端口和编号为 47 的 IP（GRE 常规路由封装）。如果 Linux 服务器开启了防火墙功能，就需要关闭防火墙功能或者设置允许 TCP 的 1723 端口和编号为 47 的 IP 通过。可以使用如图 12－10 所示的命令开放 TCP 的 1723 端口和编号为 47 的 IP。

```
[root@vpn ~]# iptables -A INPUT -p tcp --dport 1723 -j ACCEPT
[root@vpn ~]# iptables -A INPUT -p gre -j ACCEPT
```

图 12－10　开放 TCP 的 1723 端口和编号为 47 的 IP

任务 3　配置 VPN 客户端

【任务描述】

在 VPN 服务器设置并启动成功后，就需要配置远程的客户端，以便可以访问 VPN 服务。

【任务分析】

现在最常用的 VPN 客户端通常采用 Windows 操作系统，本任务将以配置采用 Windows 操作系统的 VPN 客户端为例。

【任务实施】

配置 VPN 客户端

1. 建立 VPN 连接

建立 VPN 连接的具体步骤如下：

（1）右击桌面上的“网上邻居”图标，在弹出的快捷菜单中选择“属性”命令，打开“网络连接”窗口。

（2）双击“新建连接向导”图标，会打开“新建连接向导”对话框。

（3）单击“下一步”按钮，打开“网络连接类型”设置对话框，选择“连接到我的工作场所的网络”单选按钮，如图 12－11 所示。

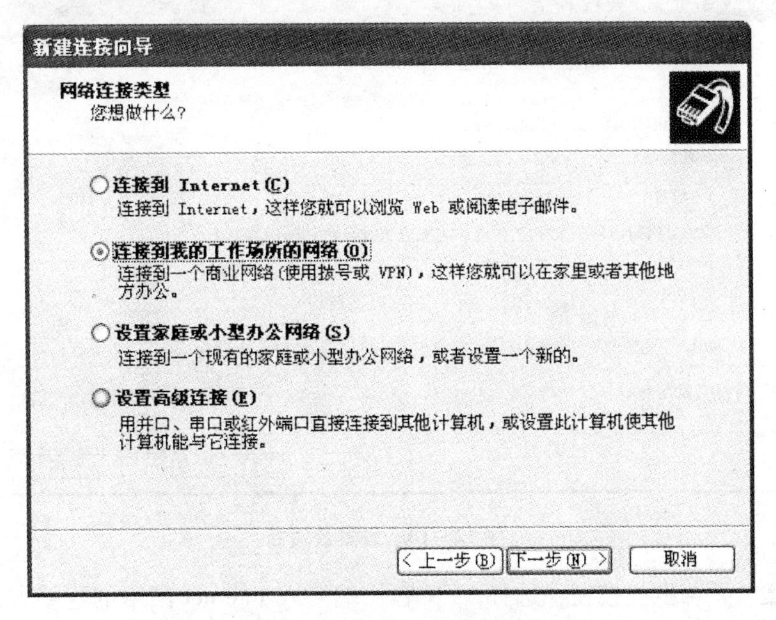

图 12－11　网络连接类型界面

（4）单击“下一步”按钮，打开“网络连接”设置对话框，选择“虚拟专用网络连接”单选按钮，如图 12－12 所示。

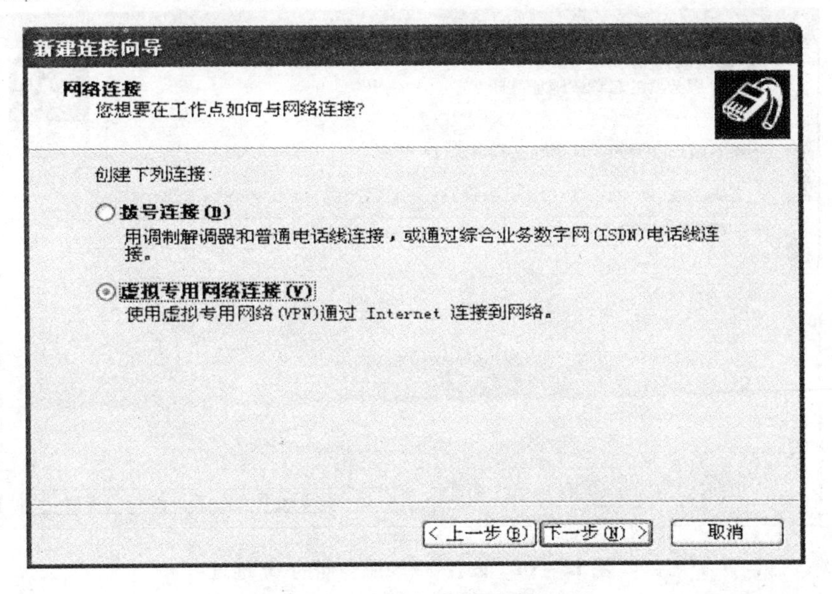

图 12－12　选择虚拟专用网络连接

（5）单击“下一步”按钮，设置是否允许所有用户使用此连接，在此选择“所有用户使用此连接”。

（6）单击“下一步”按钮，打开“连接名”对话框，这里设置公司名为“jn－VPN”，如图 12－13 所示。

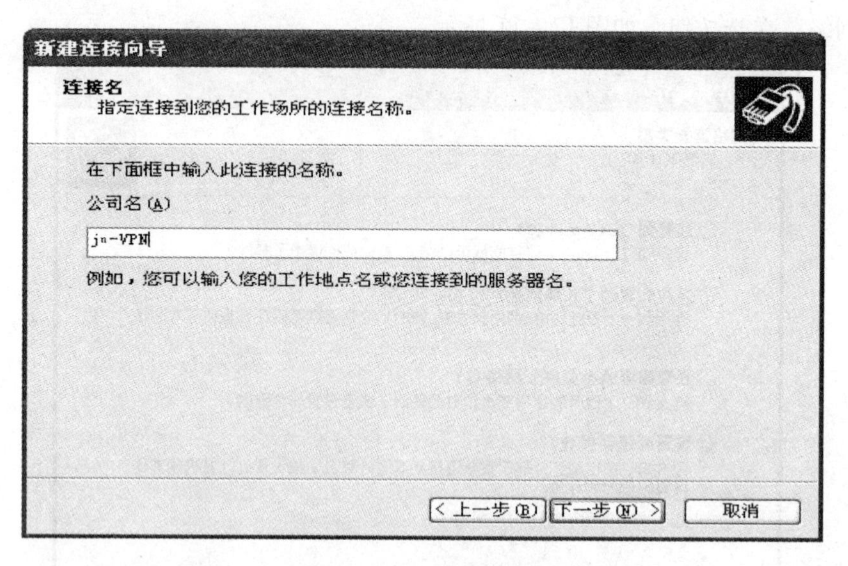

图 12－13 设置公司名

（7）单击“下一步”按钮，选择 VPN 客户端接入 Internet 网络的连接方式。在此选择“不拨初始连接”。

（8）单击“下一步”按钮，打开“VPN 服务器选择”对话框，设置 VPN 服务器的 IP 地址为“200. 200. 200. 1”，如图 12－14 所示。

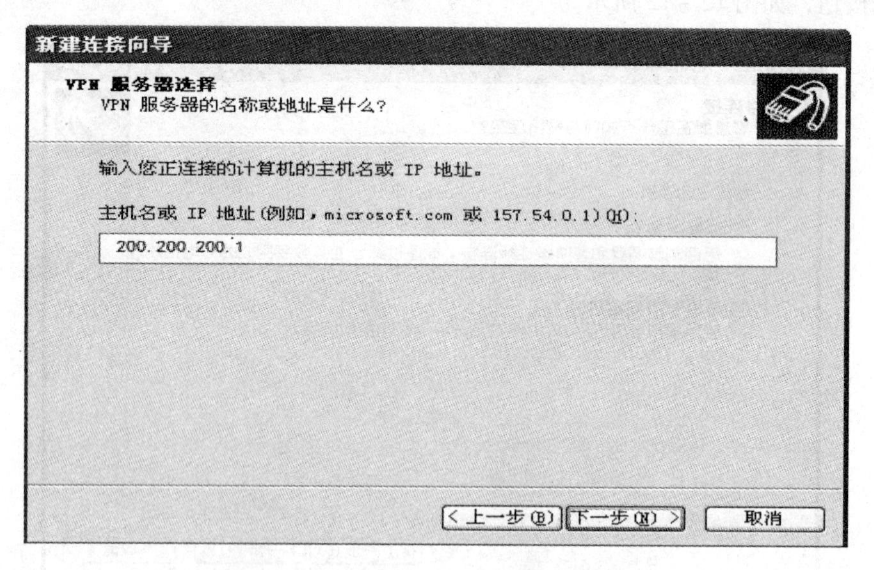

图 12－14 设置 VPN 服务器的 IP 地址

2. 连接 VPN 服务器

连接 VPN 服务器步骤如下：

（1）右击桌面上的“网上邻居”图标，在弹出的快捷菜单中选择“属性”命令，打开

“网络连接”窗口，可以看到“虚拟专用网络”栏目下有一个“jn - VPN”的 VPN 连接。

（2）双击“jn - VPN”的图标，系统将会打开“连接 jn - VPN”对话框。单击“下一步”按钮，连接向导会显示成功完成创建连接对话框，单击“完成”按钮。

（3）输入正确的 VPN 服务账号和密码，然后单击“连接”按钮，此时客户端便开始与 VPN 服务器进行连接，并核对账号密码。如果连接成功，就会在任务栏的右下角增加一个网络连接图标，双击该网络连接图标，然后在打开的对话框中选择“详细信息”选项卡可以查看 VPN 的详细信息

（4）在客户端以 smile 用户登录，连接成功之后在 VPN 客户端利用 ipconfig 命令可以看到多了一个 PPP 连接，如图 12 - 15 所示。在 VPN 服务器端利用 ifconfig 命令可以看到多了一个 PPP0 连接，如图 12 - 16 所示。

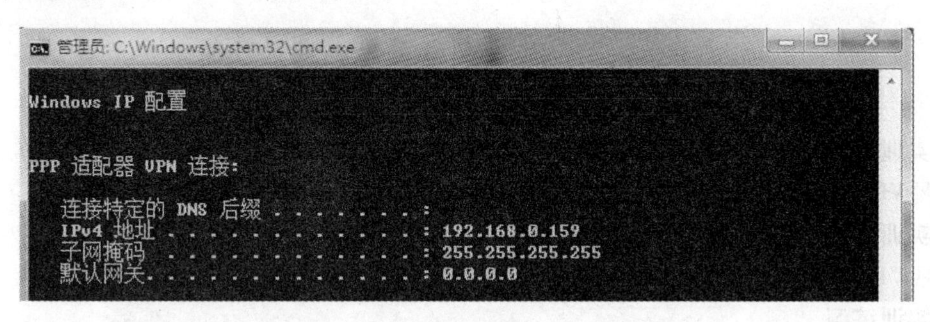

图 12 - 15　PPP 适配器 VPN 连接

```
ppp0      Link encap:Point-to-Point Protocol
          inet addr:192.168.1.100  P-t-P:192.168.0.159  Mask:255.255.255.255
          UP POINTOPOINT RUNNING NOARP MULTICAST  MTU:1396  Metric:1
          RX packets:1806 errors:0 dropped:0 overruns:0 frame:0
          TX packets:764 errors:0 dropped:0 overruns:0 carrier:0
          collisions:0 txqueuelen:3
          RX bytes:97198 (94.9 KiB)  TX bytes:61416 (59.9 KiB)
```

图 12 - 16　ppp0 连接的详细信息

（5）访问内网 192. 168. 0. 100 的共享资源，以测试 VPN 服务器。在客户端使用 UNC 路径\\192. 168. 0. 100 访问共享资源。输入用户名和密码凭证后将获得相应访问权限，如图 12 - 17 所示。

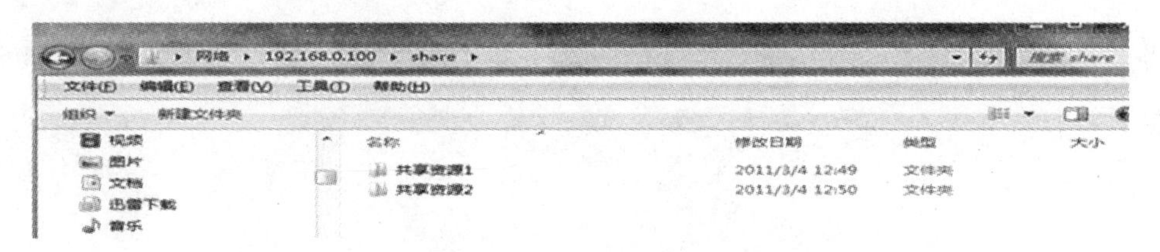

图 12 - 17　访问 VPN 服务器共享资源

3. 不同网段 IP 地址小结

（1）VPN 服务器有两个网络接口，即 eth0、eth1。eth0 接内部网络，IP 地址是 192. 168. 0. 5/24；eth1 接入 Internet，IP 地址是 200. 200. 200. 1/24。

（2）内部局域网的网段为 192.168.0.0/24，其中内部网的一台用作测试的计算机的 IP 地址是 192.168.0.100/24。

（3）VPN 客户端是 Internet 上的一台主机，IP 地址是 200.200.200.2/24。实际上客户端和 VPN 服务器通过 Internet 连接，为了实验方便省略了其间的路由，这一点请读者注意。

（4）主配置文件/etc/pptpd.conf 的配置项 localip 192.168.1.100 定义了 VPN 服务器连接后的 ppp0 连接的 IP 地址。读者可能已经注意，这个 IP 地址不在上面所述的几个网段中，是单独的一个。其实，这个地址与已有的网段没有关系，它仅是 VPN 服务器连接后分配给 ppp0 的地址，为了安全考虑，建议不要配置成已有的局域网的网段中的 IP 地址。

主配置文件/etc/pptpd.conf 的配置项 remoteip 192.168.0.11 - 20，192.168.0.101 - 180 是 VPN 客户端连接 VPN 服务器后获得 IP 地址的范围。

实训 VPN 服务器的配置

1. 实训目的

掌握 VPN 服务器的安装和配置方法。

2. 实训内容

练习 VPN 服务器的配置。

3. 实训练习

架设一台 VPN 服务器，根据题目要求，写出相应的配置方案：VPN 服务器的 IP 地址是 192.168.203.1，分配给 VPN 客户端的地址段为 192.168.203.60 ~ 192.168.203.150，建立一个名为 user1、口令为 123456 的 VPN 拨号账号，配置一个客户端，用 VPN 进行连接。

4. 实训分析

要完成这个实训可以：①按照要求进行网络规划，绘制出网络拓扑结构；②配置 VPN 服务器；③启动 VPN 服务器建立一个连接，以测试 VPN 服务器。

5. 实训报告

按要求完成实训报告。

项目 13

架设 Samba 服务器

【学习目标】

知识目标：

- 了解 SMB 协议及 Samba 的功能。
- 掌握安装和启动 Samba 服务的方法。
- 掌握 Samba 服务配置方法。

能力目标：

- 会安装和启动 Samba 服务器。
- 会配置 Samba 服务器相关选项。

【项目描述】

公司服务器使用 RHEL 6.4 作为操作系统，但是公司员工使用的大部分是以 Windows 操作系统为基础，如何使 Windows 可以访问 Linux 服务器中的共享资源？赶紧安装 Samba 服务器吧。本项目主要介绍利用 Samba 服务可以实现 Linux 与 Windows 系统的文件与打印共享。

【任务分解】

学习本项目需要完成 3 个任务：任务 1，安装、启动 Samba 服务器；任务 2，配置 Samba 服务器；任务 3，测试 Samba 服务器。

【问题引导】

- 什么是 Samba？
- Samba 有哪些功能？
- 如何安装、启动 Samba 服务器？
- 如何配置 Samba 服务器？

【知识学习】

对于接触 Linux 的用户来说，听得最多的就是 Samba 服务，为什么是 Samba 呢？Samba 是一套让 Linux 系统能够应用 Microsoft 网络通信协议的软件，利用 Samba 服务可以实现 Linux 与 Windows 系统的文件与打印共享。

Samba 的主要功能如下：

①与 Windows 系统之间实现文件、CD－ROM、打印机等资源的双向共享服务。

②解析 NetBIOS 名字。Samba 通过 nmbd 服务可以搭建 NBNS（NetBIOS Name Service）服务器，提供名称解析，将计算机的 NetBIOS 名解析为 IP 地址，实现主机之间的访问定位。

③支持跨平台访问的身份验证和权限设置，支持 SSL（Secure Socket Layer，安全套接字层）。

④Samba 服务器可作为网络中的 WINS 服务器，甚至作为 Windows Server 2003/2008 域中的域控制器的一些功能。

SMB（Server Message Block）通信协议可以看作是局域网上共享文件和打印机的一种协议。它是 Microsoft 和 Intel 在 1987 年制定的协议，主要是作为 Microsoft 网络的通信协议，而 Samba 则是将 SMB 协议搬到 UNIX 系统上来使用。通过“NetBIOS over TCP/IP”使用 Samba 不但能与局域网络主机共享资源，也能与全世界的计算机共享资源。因为互联网上千千万万的主机所使用的通信协议就是 TCP/IP。SMB 是在会话层和表示层以及小部分的应用层的协议，SMB 使用了 NetBIOS 的应用程序接口 API。另外，它是一个开放性的协议，允许协议扩展，这使得它变得庞大而复杂，大约有 65 个最上层的作业，而每个作业都超过 120 个函数。

Samba 服务功能强大，这与其通信基于 SMB 协议有关。SMB 不仅提供目录和打印机共享，还支持认证、权限设置。在早期，SMB 运行于 NBT 协议（NetBIOS over TCP/IP）上，使用 UDP 协议的 137、138 及 TCP 协议的 139 端口，后期 SMB 经过开发，可以直接运行于 TCP/IP 协议上，没有额外的 NBT 层，使用 TCP 协议的 445 端口。

Samba 服务的工作过程如图 13－1 所示。

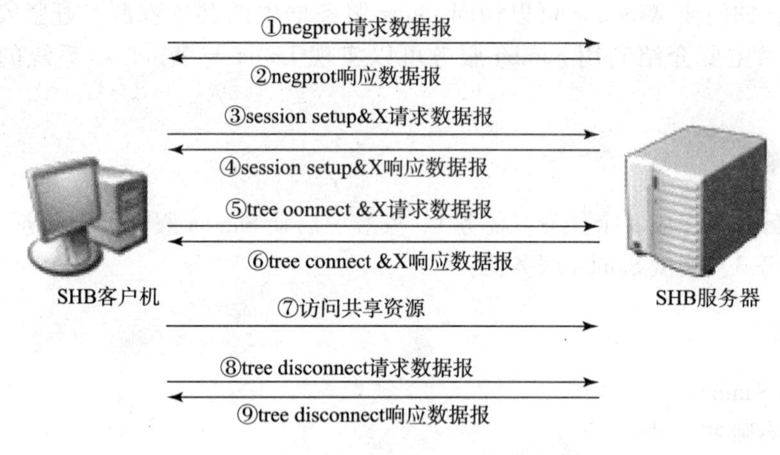

图 13－1　Samba 服务的工作过程

Samba 服务由两个进程组成，分别是 nmbd 和 smbd。

- nmbd：其功能是进行 NetBIOS 名解析，并提供浏览服务显示网络上的共享资源列表。
- smbd：其主要功能是用来管理 Samba 服务器上的共享目录、打印机等，主要是针对网络上的共享资源进行管理的服务。当要访问服务器时，要查找共享文件，这时就要依靠 smbd 这个进程来管理数据传输。

任务 1　安装、启动 Samba 服务器

【任务描述】

要提供 Samba 服务，必须先要将 Samba 软件包安装到系统中，并对其进行相应配置，Samba 分为服务器和客户端软件包，通常使用默认安装时，将只安装 Samba 客户端软件，服务器软件需要另外安装。

【任务分析】

在使用 Samba 服务前要检查系统中是否已经安装了 Samba 软件包，如没有就要安装。在安装 Samba 服务之前，先来了解其所需要的软件包以及它们的用途。

- Samba -3. 0. 33 -3. 7. e15. i386. rpm：该包为 Samba 服务的主程序包。服务器必须安装该软件包，后面的数字为版本号。
- Samba - client -3. 0. 33 -3. 7. e15. i386. rpm：该包为 Samba 的客户端工具，是连接服务器和连接网上邻居的客户端工具，并包含其测试工具。
- Samba - common -3. 0. 33 -3. 7. e15. i386. rpm：该包存放的是通用的工具和库文件，无论是服务器还是客户端都需要安装该软件包。
- Samba - swat -3. 0. 33 -3. 7. e15. i386. rpm：当安装了这个包以后，就可以通过浏览器（如 IE 等）来对 Samba 服务器进行图形化管理。

【任务实施】

（1）查询系统中是否已经安装了 Samba 软件包：

```
#rpm -qa |grep  samba
```

检查是否安装 Samba 服务器：

```
#rpm -qa |grep  samba
samba -winbind -clients -3.6.9 -151.el6.i686
samba -winbind -3.6.9 -151.el6.i686
samba -client -3.6.9 -151.el6.i686
samba4 -libs -4.0.0 -55.el6.rc4.i686
samba -common -3.6.9 -151.el6.i686
```

RHEL 6.4 系统中默认未安装 Samba 的主程序包。

（2）安装 Samba 软件包：

```
# mount /dev/cdrom  /mnt
# rpm -vih  /mnt/Packages/samba -3.6.9 -151.el6.i686.rpm
```

（3）Samba 服务的运行控制。

启动、停止、重新启动和重新加载 Samba 服务：

```
service  smb  start|stop|restart|reload
```

或 /etc/rc.d/init.d/smb start |stop |restart |reload

开机自动启动 Samba 服务：

```
chkconfig  --level 345  smb  on|off
```

任务 2　配置 Samba 服务器

【任务描述】

某公司需要添加 Samba 服务器作为文件服务器，工作组名为 Workgroup，发布共享目录 /share，共享名为 public，这个共享目录允许所有公司员工访问。

【任务分析】

这个案例属于 Samba 的基本配置，可以使用 share 安全级别模式，既然允许所有员工访问，则需要为每个用户建立一个 Samba 账号，那么如果公司拥有大量用户呢？1 000 个用户、100 000 个用户，一个个设置会非常啰唆，可以通过配置 security = share 来让所有用户登录时采用匿名账户 nobody 访问，这样实现起来非常简单。

基本的 Samba 服务器的搭建流程主要分为 4 个步骤：

①编辑主配置文件 smb. conf，指定需要共享的目录，并为共享目录设置共享权限。

②在 smb. conf 文件中指定日志文件名称和存放路径。

③设置共享目录的本地系统权限。

④重新加载配置文件或重新启动 SMB 服务，使配置生效。

【任务实施】

（1）建立 share 目录，并在其下建立测试文件，如图 13－2 所示。

```
[root@rhel6 ~]# mkdir  /share
[root@rhel6 ~]# touch  /share/test_share.tar
```

图 13－2　建立 share 目录

（2）修改 Samba 主配置文件 smb. conf，并保存结果，如图 13－3、图 13－4 所示。

```
[root@rhel6 ~]# vim  /etc/Samba/smb.conf
```

图 13－3　编辑 smb. conf 主配置文件

```
[global]
    workgroup = Workgroup              #设置Samba服务器工作组名为Workgroup
    server string = File  Server       #添加Samba服务器注释信息为“File Server”
    security = share             #设置Samba安全级别为share模式，允许用户匿名访问
;   passdb backend = tdbsam
    smb passwd file = /etc/samba/smbpasswd
[public]                               #设置共享目录的共享名为public
    comment=public
    path=/share                              #设置共享目录的绝对路径为/share
    guest ok=yes                             #允许匿名访问
    public=yes                                     #最后设置允许匿名访问
```

图 13－4　主配置文件修改后结果

（3）重新加载配置。

Linux 为了使新配置生效，需要重新加载配置，可以使用 restart 重新启动服务或者使用 reload 重新加载配置，如图 13－5 所示。

```
[root@rhel6 ~]# service smb reload
//或者
[root@rhel6 ~]# /etc/rc.d/init.d/smb reload
```

图 13－5 重新加载配置

Samba 服务器通过以上设置，用户就可以不需要输入账号和密码直接登录 Samba 服务器并访问 public 共享目录了。

要想使用 Samba 进行网络文件和打印机共享，就必须首先设置让 RHEL 的防火墙放行，请执行“系统”→“管理”→“防火墙”命令，然后勾选 Samba，如图 13－6 所示。

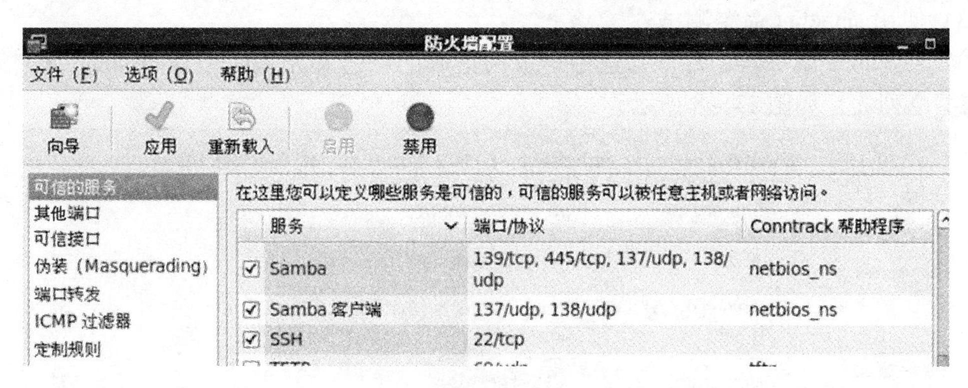

图 13－6 在防火墙上开放 Samba 端口

任务 3 测试 Samba 服务器

【任务描述】

Samba 服务的功能相当强大，配置也很复杂，当配置好 Samba 服务器后就要对其进行测试，有时会出现错误，这时就需要对其进行排错。

【任务分析】

为了使 Samba 服务器工作更加良好，本任务介绍了几种常用的 Samba 故障排除分析。

【任务实施】

（1）使用 testparm 命令检测。

使用 testparm 命令检测 smb. conf 文件的语法，如果报错，说明 smb. conf 文件设置错误。根据提示信息，去修改主配置文件，进行调试，如图 13－7 所示。

（2）使用 ping 命令测试。

Samba 服务器主配置文件排除错误后，再次重启 SMB 服务，如果客户端仍然无法连接

```
[root@rhel6 ~]# testparm /etc/Samba/smb.conf
```

图 13－7 使用 testparm 命令检测 smb. conf 文件的语法

Samba 服务器，客户端可以使用 ping 命令测试。根据出现的不同情况进行分析。

①如果没有收到任何提示，说明客户端 TCP/IP 协议安装有问题，需要重新安装该协议，然后重试。

②如果提示“host not found”（无法找到主机），那么，客户端的 DNS 或者/etc/hosts 文件没有设置正确，确保客户端能够使用名称访问 Samba 服务器。

③无法 ping 通还可能是防火墙设置的问题。需要重新设置防火墙的规则，开启 Samba 与外界联系的端口。

④还有一种可能，执行 ping 命令时，主机名输入错误……，需更正重试！

（3）使用 smbcliet 命令测试。

①如果 Samba 服务器正常，并且用户采用正确的账号和密码，去执行 smbclient 命令可以获取共享列表，如图 13－8 所示。

```
[root@rhel6~]# smbclient -L 192.168.0.10 -U test%123
Domain=[rhel5] OS = [Unix] Server = [Samba 3.0.23c-2]
   Sharename       Type     Comment
   public          Disk     public
   IPC$            IPC      IPC Service (file server)
   test            Disk     Home Directories
Domain=[rhel5] OS = [Unix] Server = [Samba 3.0.23c-2]
  Server              Comment
  ---------           ---------
  Workgroup           Master
  ---------           ---------
  Workgroup
```

图 13－8 共享列表信息

②如果接收到一个错误信息提示“tree connect failed”，如图 13－9 所示，说明可能在 smb. conf 文件中设置了 host deny 字段，拒绝了客户端的 IP 地址或域名，可以修改 smb. conf，允许该客户端访问即可。

```
[root@rhel6 ~]# smbclient //192.168.0.10/public -U test%123
tree connect failed: Call returned zero bytes (EOF)
```

图 13－9 错误信息提示

③如果返回信息“connection refused”（连接拒绝），如图 13－10 所示，说明 Samba 服务器 smbd 进程可能没有开启。确保 smbd 和 nmbd 进程开启，并使用 netstat －a 检查 netbios 使用的 139 端口是否处在监听状态。

```
[root@slave~]# smbclient -L 192.168.0.10
Error connecting to 192.168.0.10 (Connection refused)
Connection to 192.168.0.10 failed
```

图 13－10 连接拒绝提示

④提示信息如果为“session setup failed”（连接建立失败），如图 13－11 所示，表明服

务器拒绝了连接请求，这是因为用户输入的账号或密码错误造成的，请更正重试。

```
[root@rhel6 ~]# smbclient -L 192.168.0.10 -U test%1234
session setup failed: NT_STATUS_LOGON_FAILURE
```

图 13-11　连接建立失败

⑤有时会收到“Your server software is being unfriendly”（你的服务器软件存在问题）提示信息。

一般是因为配置 smbd 时使用了错误的参数，或者启动 smbd 时遇到的类似严重错误。可以使用前面提到的 testparm 去检查相应的配置文件，并检查日志。

实训　Samba 服务器的配置

1. 实训目的

掌握 Samba 服务器的安装、配置与调试。

2. 实训内容

练习利用 Samba 服务实现文件共享及权限设置。

3. 实训练习

将虚拟机里的 Redhat 操作系统联网。利用 Samba 服务器配置实现 Windows 和 Linux 的资源共享。

4. 实训分析

要完成这个实训可以：①在 192.168.1.3 主机上安装 Samba 服务软件；②对 Samba 的主配置文件进行资源共享设置；③在 Samba 服务器上设置用户登录账号；④分别在 Linux 和 Windows 客户端进行连接测试。

5. 实训报告

按要求完成实训报告。

项目 14

Linux 服务器的故障诊断和排除

【学习目标】

知识目标：

- 理解 Linux 的运行级别。
- 掌握 Linux 系统常见故障的解决方法。
- 掌握 Linux 网络常见故障的解决方法。

能力目标：

- 会对 Linux 系统常见故障进行分析和排除。
- 会对 Linux 网络常见故障进行分析和排除。

【项目描述】

Linux 是开放源代码的操作系统，安全性高，受到越来越多企业和用户的青睐。不过，与 Windows 系统一样，Linux 系统也会出现一些问题和故障，很多使用 Linux 系统的新手都害怕出现故障，当系统故障时，该如何解决呢？本项目列举了 Linux 系统常见的故障及解决故障的一般思路和通用策略，熟练掌握这些技巧，遇到故障就不怕啦！

【任务分解】

学习本项目需要完成两个任务：任务 1，Linux 系统故障诊断；任务 2，网络故障诊断。

【问题引导】

Linux 系统常见故障有哪些？
Linux 网络常见故障有哪些？

【知识学习】

Linux 服务的一般排错方法。

1. 错误信息

一定要仔细查看接收到的错误信息。如果有错误提示时，根据错误提示判断产生问题原因之所在。

2. 配置文件

配置文件存放服务的设置信息，用户可以修改配置文件，以实现服务的特定功能。但

是，用户的配置失误，会造成服务无法正常运行。为了减少输入引起的错误，很多服务的软件包都自带配置文件检查工具，用户可以通过这些工具对配置文件进行检查。

3. 日志文件

一旦服务出现问题，不要惊慌，用组合键 Ctrl + Alt + F1 ~ F6 切换到另一个文字终端，使用 tail 命令来动态监控日志文件。

虽然可以通过 Linux 的图形界面完成大多数的网络设置工作，但在解决一些网络故障时，最常见的还是采用命令方式。而且在一些无法使用图形界面的场合下，如 Telnet 远程登录等，命令方式更是不可或缺。Linux 下常用的网络配置和故障诊断命令，包括 ifconfig、ping、traceroute、arp 等。

任务 1 Linux 系统故障诊断

【任务描述】

经常应用 Windows 操作系统时，会遇到很多的系统故障，于是很多人开始应用 Linux 操作系统，不过 Linux 操作系统也有一些系统故障，下面就对 Linux 系统故障诊断进行说明。希望你能了解这些 Linux 系统故障。

【任务分析】

本任务会对常见的几种 Linux 系统故障进行分析和排除。

【任务实施】

1. 启动故障

这是在 Linux 操作系统中经常会遇到的问题。系统不能启动的原因主要有：在安装 Linux 操作系统的过程中，LILO 配置信息错误，导致安装完毕后系统不能正常启动；重新安装其他的操作系统，也经常会导致原有的 Linux 不能启动。因为这些新安装的操作系统默认计算机中没有其他的操作系统，因而改写了硬盘的主引导记录（MBR），覆盖了 Linux 操作系统中的 LILO 系统引导程序，致使最后无法启动 LILO；在操作 Linux 操作系统过程中，由于运行错误的 Linux 命令，使系统重新启动时出现异常。

解决方法：

如果在 Linux 操作系统安装过程中或安装过程后，制作了 Linux 系统的急救启动盘组，使用这些急救盘启动系统即可进入系统，然后对相应错误进行配置即可解决问题；如果没有制作急救启动盘组，Linux 系统不能启动，该怎么办呢？下面介绍 3 种解决方法。

（1）进入 Linux 操作系统单用户模式，在 boot 提示符下输入：

```
linux single
```

此模式下启动 Linux，LILO 配置和网络配置信息不加载在启动过程中。

（2）光盘启动。用第一张安装 Linux 操作系统的光盘（启动光盘）启动硬盘的 Linux 系

统，主板 BIOS 里要设置光盘启动，重启机器后，出现“boot:”，在提示符后输入：

```
vmlinuz root = /dev/linuxrootpartition noinitrd
```

其中，在“root =”后面填入 Linux root 分区的分区号，也就是 Linux 系统的 root 文件系统所在的硬盘分区位置，如 vmlinuz root =/dev/hda3 noinitrd。按 Enter 键后，即可进入 Linux 系统。如果想恢复被破坏的 LILO 系统引导程序，可以编辑/etc/lilo. conf 之后，运行/sbin/lilo 即可。这种方法也适合其他原因对 Linux 操作系统造成的破坏。

注：软盘启动操作系统的过程也同上。

（3）在 DOS 下运行 loadlin 程序启动系统。在个人计算机使用 Linux 系统时，通常都是 Linux 和 Windows 9x 或 Windows 2000 并存的。如果知道 Linux 系统在硬盘上的确切安装分区，并且有 loadlin 程序（在 Red Hat Linux 光盘的 dosutil 目录下就有这个程序），也可以启动 Linux 系统。loadlin 是 DOS 系统下的程序，运行它可以从 DOS 系统下直接启动 Linux 系统，快速进入 Linux 环境。除 loadlin 程序外，还需要一个 Linux 启动内核的映像文件 vmlinuz，在 Red Hat Linux 光盘的 images 目录下有这个文件。例如，如果在 Windows 2000 系统中进入 DOS 的命令模式，然后运行下述的 loadlin 命令，即可重新进入 Linux 系统：

```
loadlin vmlinuz root = /dev/linuxrootpartition
```

命令执行后，就开始引导 Linux 系统。用 root 身份登录后，编辑/etc/lilo. conf，运行/sbin/lilo 即可，这样操作后则重新将 LILO 系统引导程序装入 MBR。

2. 文件系统故障

在 Linux 操作系统中，这也是一种经常会遇到的故障。由于系统不正常关机或突然掉电等原因引起文件系统被破坏。

解决方法：

当文件系统被破坏时，可以使用相应的 fsck 命令进行文件系统的修复。例如，下面的命令：

```
fsck /dev/hda5
```

关于 fsck 命令具体参数的使用方法，可以参阅 MAN 参考手册。如果使用的是 ext2fs 类型的文件系统，就可从软盘运行 e2fsck 命令来修正文件系统中被损坏的数据。

但是有一点要注意：如果文件系统被破坏的原因是超级块被损坏，超级块是文件系统的“头部”。它包含文件系统的状态、尺寸和空闲磁盘块等信息。如果损坏了一个文件系统的超级块（如不小心直接将数据写到了文件系统的超级块分区中），那么 Linux 可能会完全不识别该文件系统，即使采用 fsck 或 e2fsck 命令也不能修复它了。这时，只有到安装光盘中看看有没有对应的文件系统，将此文件覆盖原操作系统被破坏的文件来恢复了。如果不小心删除了系统中重要的文件，也可采用这种方法来试试。

3. 函数库故障

在 Linux 操作系统中，如果不慎将系统中的函数库文件破坏，或者破坏了/lib 目录下符号链接，那么将导致依赖这些库的命令无法执行。这也是比较常见的系统故障。

解决方法：

最简单的解决办法是用急救启动盘组启动系统，在/mnt 目录中安装硬盘文件系统，然

后修复/mnt/lib 目录下的库。

4. 登录系统故障

由于管理员忘记密码，或者由于系统受到黑客的入侵，系统密码文件被修改，导致管理员可能无法用账号登录系统。

解决方法：

方法一，在系统启动时，进入单用户模式（Linux single），然后用 passwd 命令重新设置密码或修改密码文件，即可恢复正常。

方法二，用急救启动盘组启动系统，然后将硬盘的文件系统安装到/mnt 目录下，编辑/mnt/etc/passwd 文件进行恢复。

方法三，将安装系统的硬盘拆下来，放在另一个 Linux 系统中，然后（mount）挂载此硬盘的系统安装区，将此硬盘分区中的/etc/passwd、/etc/shadow、/etc/group 文件覆盖或修改，也可以恢复。

5. KDE 环境故障

如果 Linux 系统的 KDE 环境无法正常启动，例如以普通账号运行 startx 命令后，出现“...... can not start X server. Perhaps you do not have console ownership?”类似的提示。出现这种提示的原因是可能别的用户曾经运行过 KDE 环境，并在系统中留下标识此用户的缓存文件。

解决方法：

运行以下命令：

```
rm  -rf  /tmp/*
```

然后，重新运行 startx 命令即可进入 KDE 环境。

如果以普通账号运行 startx 命令后，出现“can not start X server”的错误提示，并且不断地有报错提示的英文字符向上翻滚，导致无法进入 KDE 环境。出现这种情况，可能是由于对 Linux 系统的不正常关机，从而导致不能进入 Linux 的 KDE 环境。

解决方法：

在控制台下以 root 身份登录，输入 setup 命令，出现系统设置菜单，选择其中的“X 窗口设置”，然后依照提示正确设置显示器的类型、刷新频率、显存大小、分辨率等。这样将系统中的 X 窗口重新设置一遍，如果没有报错，系统会自动启动 KDE 环境，可能需要注意的一点是：在用 setup 命令进行设置时，可能还会有大量的英文字符在屏幕上翻滚，这时不要紧，请继续看清屏幕，使用 Tab 键或方向键进行上面的配置，配置无误后，会立刻恢复 KDE 环境的。

任务 2 网络故障诊断

【任务描述】

由于实现网络服务的层次结构非常多，因此当网络出现故障时，解决起来将比较复杂。

本任务主要介绍 Linux 系统中可能出现的一些网络问题，如网卡硬件问题、网络配置问题、驱动程序问题，并介绍了一些解决故障的方法和手段。

【任务分析】

本任务会对常见的几种 Linux 网络故障进行分析和排除。

【任务实施】

1. 诊断网卡故障

大部分的计算机都是通过以太网接入网络的，或者直接通过网卡与其他主机通信，或者在网卡的基础上通过 ADSL 等拨号连接方式与其他主机通信。因此，如果网卡出问题，计算机将无法与其他主机通信，也就无法使用网络了。

网卡的故障可以分为硬件故障和软件故障两类。可能的硬件故障是网卡上的电子元器件损坏，一般用户是无法对这种硬件故障进行检测的，判断的方法只能是把该网卡插到其他机子上使用，如果多台机子上都不能正常使用，应该是属于元器件损坏了。这种故障用户自己一般无法修理。

还有一类常见的硬件故障是由于接触不好，或者是网卡与主板上的总线插槽接触不牢，或者是双绞线上的水晶头与网卡的 RJ45 插口接触不牢。一般情况下，如果网卡本身正常，网卡与主板是否连接正常可以通过观察 PC 机自检时的提示信息进行判断。如果提示检测到了 Ethernet 之类的设备，一般表明网卡与主板的连接是正常的。

一般网卡上都有一个连接指示灯，当网卡与交换机等对端设备的线路连接正常时，该指示灯会亮起来。因此，可以根据该指示灯的指示来判断网卡的 RJ45 端口与水晶头有没有接触不良的问题。当然，如果指示灯不亮，也有可能是对端设备，如交换机等的问题或者是线路的故障，需要排除其他故障后再进行判断。

实际情况下，大部分的网卡出现的故障都是属于软件故障。软件故障分为两类：一类是设置故障，即由于某种原因，该网卡所使用的计算机资源与其他设备发生了冲突，导致它无法工作；另一类是驱动程序故障，即网卡的驱动程序被破坏或未正确安装，导致操作系统无法与网卡进行通信。在 Linux 系统中，可以通过 dmesg 命令显示系统引导时的提示信息，其中包括了有关网卡的内容：

```
[root@ localhost ~]# dmesg  |grep  eht
eth0:registered  as  PCnet/PCI  II  79C970A
eth0:link  up
eth0: noIPv6  routers  present
[root@ localhost ~]#
```

以上命令列出了引导信息中包含 eth 字符串的行，如果出现了类似于“eth0：link up”的提示，表示 Linux 已经检测到了网卡，并处于正常工作状态。还有一条 lspci 命令可以列出 Linux 系统检测到的所有 PCI 设备，如果所用的网卡是 PCI 总线的，应该能够看到这块网卡的信息：

```
[root@localhost ~]#lspci
```

```
.
.
.
02:00.0 USB Controller: Intel Corporation 82371AB/EB/MB PIIX4 USB
02:02.0 Multimedia audio controller:Ensoniq ES1371 [AudioPCI-97] (rev 02)
02:05.0 Ethernet controller: Advanced Micro Devices [AMD] 79c90 [PCnet32 LANCE] (rev 10)
[root@ localhost ~]#
```

可以看到，lspci 命令列出了很多 PIC 设备。其中，最后一行表示的是以太控制卡，列出的信息还包括网卡的类型。如果 lspci 命令能看到网卡的存在，一般表明该网卡已经被 Linux 承认，硬件方面是没有什么问题了。最后，可以用 ethtool 查看以太网的链路连接是否正常：

```
#ethtool eth0
Settings for eth0:
Current message level: 0x00000007 (7)
          Link detected: yes
#
```

如果看到“Linkdetected：yes”一行，表明网卡与对方的网络线路连接是正常的。

2. 网卡驱动程序

网卡能够被 Linux 检测到，并不意味着它已经能够正常工作了，因为任何硬件能够正常工作的前提是需要有相应的驱动程序。驱动程序是内核与外部硬件设备之间通信时的中介，对于网卡的通用接口，是不针对任何具体网卡的。网卡从网络收到数据后，需要通过网卡通用接口把数据交给内核，也要通过网卡通用接口从内核接收数据，再发送到网络。每一种类型的网卡从内核接收数据到交给硬件芯片，或者数据从硬件芯片送给内核的过程都是不一样的，这个过程需要网卡的制造商自己编写程序来实现，这就是网卡驱动程序。

在 Linux 系统中，网卡驱动程序是以模块的形式实现的，一些知名公司生产的或市场上常见的网卡，在 Linux 的发行版中一般都已经为其提供了驱动程序模块。所有的网卡驱动程序模块都可以在/lib/module 目录中找到，该目录包含了一个与 Linux 内核版本有关的目录名称，如 2.6.32-279.e16.i686，然后下面还有 Kernel/driver/net 目录，所有的网卡驱动程序都在这个目录中，可以查看这个目录的内容：

```
#Is/lib/modules/2.6.32-279.e16.i686/kernel/drivers/net
3c59x.kodummy.ko          netconsole.ko          r8169.ko
 tg3.ko
8189cp.ko          e1000          ns83820.ko
s2io.kotlan.ko
8189too.ko          e100.kopcmcia          sis190.ko
```

```
   tokenring
8390.ko                      epic100.ko                  panet32.ko
sis900.ko          tulip
.
.
.
Chelsio                      natsemi.ko                  pppox.ko
sungem_phy.ko
D12k.ko                  ne2k-pci.koppp_synctty.ko            sunhme.ko
#
```

以上文件中，所有以.ko结尾的文件都是驱动模块，还有一些子目录中包含了更多的驱动模块。如果某一种网卡Linux内核不支持，需要从另外的途径得到该网卡的驱动模块文件，并把它复制到该目录中，为了查看系统当前使用的网卡驱动模块，或者要手动设置使用某以太网卡驱动模块，在RHEL 6中，需要先查看或设置/etc/modprobe.conf文件，该文件包含了有关模块的安装和别名信息。下面是该文件的例子内容：

```
# more /etc/modprobe.conf
aliasscsi_hostadapter mptbase
alias scsi_hostadapter1 mptspi
alias snd-card-0 snd-ens1371
options snd-card-0 index=0
options snd-ens1371 index=0
remove snd-ens1371{/usr/sbin/alsactl store 0 >/dev/null 2>
&1 || : ; };
/sbin/m
odprobe -r --ignore -remove snd-ens1371
alias eth0 pcnet32
#
```

以上显示中，最后一行“alias eth0 pcnet32”表示pcnet32模块定义了一个别名eth0。也就是说，目前使用的以太网卡接口eth0对应的模块是pcnet32。此时，肯定可以在前面的模块目录找到pcnet32.ko文件。可以用以下命令查看当前系统装载的模块中是否有pcnet32模块：

```
[root@ localhost   2.6.18-8.e15]#Ismod |grep pcnet32
pcnet32                          35269      0
mii                               9409         1    pcnet32
[root@ localhost   2.6.18-8.e15]#
```

可以发现，pcnet32模块已经安装。因此，如果网卡已经被Linux检测到，但执行“ifconfig -a”命令时却看不到eth0接口，可以按以上方法把网卡的驱动程序模块找到，再看看这个模块是否已经装载。如果在系统中找不到驱动模块，则或者是Linux内核不支持所安装的网卡类型，需要手动安装，或者是由于某种原因，当系统启动时没有自动装载网卡驱动

模块。下面在介绍系统自动装载网卡驱动模块的过程，首先用一下命令查看 pcnet32. ko 模块的信息：

```
#mdoinfo /lib/modules/2.6.32 - 279.e16.i686/kernel/deivers/net/pc-
net32.ko
filename:     pcnet32.ko
license:        GPL
description:  Driver for PCnet32 and PCnetPCI based ether-
cards
author:         Thomas Bogendoerfer
srcversion:   F81443556AAE169CBF80F55
alias:            pci:v00001023d00002000sv*sd*bc02sc00i*
alias:            pci:v00001022d00002000sv*sd*bc*sc*i*
alias:            pci:v00001022d00002001sv*sd*bc*sc*i*
depends:       mii
cermagic:        2.6.18 - 8.e15  SMP  mod_unload  686  REGPARM
4KSTACKS  gcc -4.1
parm:           debug:pcnet32 debug  level (int)
.
.
.
parm:           homepna:pcnet32 mode for 79C978 cards (1 for
 HomePNA, 0 for Ethernet,default Ethernet  (array of  int)
#
```

其中，alias 参数指明了该网卡驱动模块对应的厂商 ID、设备 ID 及其他一些信息。例如，以上显示中第一个 alias 参数的值是“pci：v00001023d00002000sv * sd * bc02sc00i *”，表示厂商 ID 是 00001023，设备 ID 是 00002000，其他的一些内容是设备的子型号，“ * ”代表所有字符。这些表示方法和 PCI 规范相关。此外，再看/lib/modules/2. 6. 18 – 8. e15/modules. alias 文件的内容：

```
# more /lib/modules/2.6.18 -8.e15/modules.alias  |grep pcnet32
alias  pci:v00001023d00002000sv*sd*bc02sc00i*pcnet32
alias  pci:v00001023d00002000sv*sd*bc*sc*pcnet32
alias  pci:v00001023d00002001sv*sd*bc*sc*pcnet32
#
```

modules. alias 文件的内容定义了系统所检测到的 PCI 设备使用哪些模块。以上显示中，第一行表示 Linux 检测到“alias pci：v00001023d00002000sv * sd * bc02sc00i”这样的设备时，将装入并使用 pcnet32 模块，这和前面看到的 pcnet32. ko 模块的信息是相对应的。

注意：相对于 Windows 系统，Linux 系统支持的网卡类型要少得多，因此为 Linux 系统配备网卡时，需要确定 Linux 发行版是否支持该网卡，或者网卡是否提供了支持 Linux 的驱动程序。

3. 诊断网络层问题

网卡驱动模块装载后，只要网络设置正确，网卡接口一般就能激活，网络接口层就能正常工作了，接下来就应该诊断网络层是否有问题。判断网络层工作是否正常最常用的工具是ping，如果ping外网的某一个域名或IP能正常连通，则说明网络层没有问题。

如果ping不通，则需要确定是否对方有问题或对方的网络设置不对ping进行响应，此时可以ping多个IP，或者ping平常能通的IP。如果还不通，则可能会是自己的计算机有问题。

注意：为了避免DNS解析故障对ping造成影响，执行ping命令时，尽量使用远程主机的IP地址，而不要使用域名。

引起ping不通的原因很多，可能会是网络线路、网络设置、路由和ARP等问题。为了找到故障的原因，可以先ping一下网关，看是否能通。因为网关肯定是位于本地子网的，本机与网关的通信是直接的，不需要路由转发。如果与网关能通，一般就表明网络线路、自己机子的网络设置和ARP都没有问题。在Linux中，可以通过route命令显示路由表，然后得到网关的地址，格式如下：

```
#route    -n
Kernel    IP    routing  table
Destination       GatewayGenmask          Flags  Metric    Ref      Use
Iface
10.10.1.0        0.0.0.0    255.255.255.0    U          0          0
0        eth0
168.254.0.0      0.0.0.0    255.255.0.0        U          0          0
  0        eth0
0.0.0.0              10.10.1.1    0.0.0.0          UG         0
00     eth0
#
```

在以上路由表中，最后一行是默认路由，所有与前面路由不匹配的数据包都将通过这条路由转发到默认网关，网关地址是10.10.1.1。如果路由表显示还有其他路由，也可以ping一下该路由的网关看是否能通。如果路由表中没有设置默认网关，则表明是路由设置有问题，此时需要通过route命令或在图形中设置默认网关。

如果路由设置没有问题，而ping默认网关却不通，在排除网络线路故障后，需要检查本机的网络设置是否正确，特别是IP地址。如果网络接口设置成自动获取IP地址的，需要确定IP和掩码是否已经正常获取，方法是通过ifconfig命令查看各个接口当前的IP地址和掩码，如果是静态设置IP的，需要跟管理员确定地址的设置是否正确。还有，如果是通过拨号上网的，有时虽然地址已经正常得到，也可能会是拨号服务器有问题，可以断开连接后重新拨号试一下。

与网关ping不通还有一种可能的原因是ARP问题。有时，局域网内存在ARP攻击或其他原因，使本机ARP缓存中的网关IP的MAC地址是错误的，也会造成与网关ping不通。此时，可以使用“arp -d <网关IP>”命令删除网关的ARP条目，或者如果知道网关MAC

地址，通过“arp -a <网关 IP> <网关 MAC>”的形式设置静态 ARP 条目。

实训 1 Linux 系统故障排除

1. 实训目的

掌握 Linux 系统故障排除方法。

2. 实训内容

（1）熟悉 Linux 系统的重要配置文件，如/etc/inittab、/etc/fa = stab、/boot/grub.conf 等。

（2）了解 Red Hat Enterprise Linux 的常用故障排除工具，如 GRUB 引导管理程序、Red Hat 救援模式等，并了解各个工具适合的故障排除类型。

3. 实训练习

假如你是 A 公司的 Linux 系统管理员，公司有几台 Linux 服务器。现在这几台服务器分别发生了不同的故障，需要进行必要的故障排除。

ServerA：由实训指导教师在 Linux 系统的/etc/inittab 文件，将 Linux 的 init 级别设置为 6。

ServerB：由实训指导教师将 Linux 系统的/etc/fstab 文件删除。

ServerC：root 账户的密码已经忘记，无法使用 root 账户登录系统并进行必要的管理。

为便于日后进行类似的故障排除，建议在故障排除完成后对/etc 目录进行备份。

4. 实训分析

要完成这个实训可以：

（1）启动相应的服务器，观察服务器的启动情况和可能的故障信息。

（2）根据观察的故障信息，分析服务器产生故障的原因。

（3）制定故障排除方案。

（4）实施故障排除方案。

（5）进行/etc 目录的备份。

5. 实训报告

（1）在故障排除过程中，观察服务器的启动情况，并记录其中的关键故障信息，将这些信息记录在实训报告中。

（2）根据故障排除的过程，修改或完善故障排除方案。

（3）写出实训心得体会。

实训 2 企业综合实训

1. 实训目的

掌握企业 Linux 服务器的搭建，并对其进行相应服务器的安装和设置。

2. 实训内容

（1）熟悉实训项目中设计的各个网络服务。

（2）写出具体的综合实施方案。

（3）根据要实施的方案画出园区网络拓扑图。

3. 实训练习

某公司包括一个园区网络和两个分支机构。在园区网络中，大约有 500 个员工，每个分支机构大约有 50 个员工，此外还有一些 SOHO 员工。假定你是该公司园区网络的网络管理员，现在公司的园区网络要进行规划和实施，现有条件如下：公司已租借了一个公网 IP 地址 100. 100. 100. 10，和 ISP 提供的一个公网的 DNS 服务器的 IP 地址 100. 100. 100. 20，园区网络和分支机构使用 172. 16. 0. 0 网络，并进行必要的子网划分。

4. 实训分析

要完成这个实训可以：

（1）在园区网络中搭建一台 Squid 服务器，使公司的园区网络能够通过该代理服务器访问 Internet。要求进行 Internet 访问性能的优化，并提供必要的安全特性。

（2）搭建一台 VPN 服务器，使公司的分支机构以及 SOHO 员工可以从 Internet 访问内部网络资源（访问时间：09：00～17：00）。

（3）在公司内部搭建 DHCP 和 DNS 服务器，使网络中的计算机可以自动获得 IP 地址，并使用公司内部的 DNS 服务器完成内部主机以及 Internet 域名的解析。

（4）搭建 FTP 服务器，使分支机构和 SOHO 用户可以上传和下载文件。要求每个员工都可以匿名访问 FTP 服务器，进行公共文档的下载。另外，还可以使用自己的账户登录 FTP 服务器，进行个人文档的管理。

（5）搭建 Samba 服务器，并使用 Samba 充当域控制器，实现园区网络中员工账户的几种管理。使用 Samba 服务器实现文件服务器，共享每个员工的主目录给该员工，并提供写入权限。

5. 实训报告

（1）完善拓扑图。

（2）根据实施情况修改实施方案。

（3）写出实训心得体会。

参 考 文 献

[1] 刘丽霞，杨宇. Linux 兵书 [M]. 北京：电子工业出版社，2014.
[2] 鸟哥. 鸟哥的 Linux 私房菜：服务器架设篇（第 3 版）[M]. 北京：机械工业出版社，2012.
[3] 炎士涛，冯洪玉，王全. Linux 实用教程 [M]. 北京：清华大学出版社，2014.
[4] 余洪春. 构建高可用 Linux 服务器（第 2 版）[M]. 北京：机械工业出版社，2012.
[5] 张栋，黄成. Linux 服务器配置与管理（第 2 版）[M]. 北京：电子工业出版社，2012.
[6] 林天峰，谭志彬，等. Linux 服务器架设指南（第 2 版）[M]. 北京：清华大学出版社，2014.
[7] 刘忆智，等. Linux 从入门到精通（第 2 版）[M]. 北京：清华大学出版社，2014.
[8] 张恒杰，张彦. Red Hat Enterprise Linux 服务器配置与管理 [M]. 北京：清华大学出版社，2013.
[9] 刘晓辉，陈洪彬. Red Hat Linux 服务器管理及配置实战详解 [M]. 北京：化学工业出版社，2010.
[10] 高志君. Linux 系统应用与服务器配置 [M]. 北京：东软电子出版社，2014.